Mehr Erfolg in Mathematik

Oberstufe

Stochastik

Wolfdieter Feix

Mit ausführlichem Lösungsteil

mentor
Eine Klasse besser.

Der Autor:

Wolfdieter Feix, Studiendirektor, Fachbetreuer für Mathematik an einer Berufsoberschule für Technik

Redaktion:
Dr. Hans-Peter Waschi

Mathematische Abbildungen:
Dr. Hans-Peter Waschi, Holzkirchen

Layout:
Sabine Nasko, München

Umschlag:
DESIGN IM KONTOR – Iris Steiner, München

www.mentor.de

Umwelthinweis: Gedruckt auf chlorfrei gebleichtem Papier.

Satz: Franzis print & media GmbH, München

Printed in Germany
ISBN 978-3-580-65648-5

11020

Inhalt

Vorwort

Liebe Schülerin, lieber Schüler

diese „mentor Abiturhilfe“ zur Stochastik wurde für den Einsatz in der Oberstufe aller weiterführenden Schularten geschrieben und wird den Grundkurs-Lehrplänen aller Bundesländer gerecht. Bei der Auswahl der Lerninhalte wurden auch die Lehrpläne der Fach- und Berufsoberschulen berücksichtigt. Selbst wenn Sie beim Arbeiten mit dieser Abiturhilfe feststellen sollten, dass das eine oder andere Teilgebiet ausführlicher oder auch einmal weniger ausführlich behandelt wird als in Ihrem Kurs, werden Sie von diesem Buch profitieren, denn es vermittelt Ihnen ein so umfassendes Grundgerüst der Stochastik, dass Sie den im Unterricht behandelten Stoff auch selbstständig erarbeiten und dann eine schriftliche oder mündliche Prüfung erfolgreich bestehen können.

Die Stochastik unterscheidet sich wesentlich von der Mathematik, die Sie bisher kennengelernt haben. Im Gegensatz zur Analysis ist der algebraische Rechenaufwand gering, lediglich die Grundrechenarten, die Grundbegriffe der Mengenlehre und die Handhabung von Tabellenwerken sind Voraussetzung. Viele Berechnungen lassen sich in der Stochastik mit dem Taschenrechner sehr einfach durchführen.
Großer Wert wird dagegen auf klare Begriffsbildung und strenge Logik gelegt. Die grundlegenden Gedankengänge werden deshalb ausführlich dargelegt und durch viele Beispiele erläutert.

Die Aufgaben in den einzelnen Kapiteln sind für die Lerninhalte typisch und zur Vorbereitung auf Klausuren und Abschlussprüfungen bestens geeignet. Im Lösungsteil finden Sie ausführliche Lösungen zu allen Aufgaben.

Mein Dank gilt den Schülerinnen und Schülern des Wilhelm-Hausenstein-Gymnasiums München, die mit guten Beiträgen aus ihren Kursen zum Gelingen des Aufgabenteils beigetragen haben.

Ich wünsche Ihnen viel Spaß beim Üben und guten Erfolg in Ihrer Abiturprüfung.

Wolfdieter Feix

Bezeichnungen und logische Zeichen

Bezeichnungen

E	Ereignis
$\overline{E}$	Komplementärmenge, Gegenereignis zu E
ω	Ergebnis
$\{\omega\}$	Elementarereignis
Ω	Ergebnisraum
$\{\ \}$	leere Menge, unmögliches Ereignis
h_n	relative Häufigkeit
$n!$	n Fakultät
$a_1\, a_2 \ldots a_n$	n-Variation
P	Wahrscheinlichkeitsverteilung
p	Wahrscheinlichkeitswert, Trefferwahrscheinlichkeit, Parameter einer BERNOULLI-Kette
$B(n; p)$	Binomialverteilung
F_p^n	kumulative Verteilungsfunktion der Binomialverteilung
X, Y, Z	Zufallsgröße
$x_1\, x_2 \ldots, x_n$	Zufallswerte
μ, $E(X)$	Erwartungswert der Zufallsgröße X
$Var(X)$	Varianz der Zufallsgröße X
$\sigma(X)$	Standardabweichung der Zufallsgröße X

Logische Zeichen

$A \cap B$	A geschnitten mit B (Schnittmenge)
$A \cup B$	A vereinigt mit B (Vereinigungsmenge)
$\wedge$	und zugleich (sowohl als auch)
$\vee$	oder (nicht ausschließend)
$\Rightarrow$	daraus folgt
$a \in A$	a ist Element der Menge A
$A \subset B$	A ist Teilmenge von B

Grundlegende Begriffe und Zusammenhänge

1.1 Womit befasst sich die Stochastik?

Schon im 17. Jahrhundert versuchten Spieler den Gesetzmäßigkeiten von Glücksspielen auf die Spur zu kommen. Vor allem die Höflinge der französischen Könige nahmen gerne die Hilfe von Mathematikern wie PASCAL, FERMAT, BERNOULLI und LAPLACE in Anspruch, um die Gewinnchancen bei Würfelspielen, die damals in Mode waren, zu erkunden.
Darüber hinausgehende wissenschaftliche Überlegungen stellte man erst im 19. Jahrhundert an. Die Technik des geschickten Vermutens wandelte sich langsam zu einer wissenschaftlichen Methode, die wir *Stochastik* nennen.

Unter dem Begriff Stochastik sind *Wahrscheinlichkeitsrechnung* und *Statistik* zusammengefasst.

- In der **Wahrscheinlichkeitsrechnung** werden Denk- und Arbeitsweisen entwickelt, um das Zufallsgeschehen berechenbarer zu machen und den Gewissheitsgrad einer Vermutung zu messen.
- In der **beschreibenden Statistik** geht es darum, viele Einzelinformationen zu ordnen und zusammenzufassen. Das früheste Beispiel dafür ist die Volkszählung des römischen Kaisers Augustus.
- Aufgabe der **beurteilenden Statistik** ist es dagegen, aus Stichproben Rückschlüsse auf das Gesamtgeschehen zu ziehen. Dazu zählen Qualitätskontrollen, Meinungsumfragen und Hochrechnungen.

In den Naturwissenschaften und Wirtschaftswissenschaften sowie in Soziologie und Psychologie sind Anwendungen von Wahrscheinlichkeitstheorie und Statistik ein fester Bestandteil geworden.

1.2 Leitfaden zur Einarbeitung

Je nach Bundesland haben Sie einige der Themen, mit denen dieses Buch sich anfangs beschäftigt, schon in der Mittelstufe durchgenommen. Manches davon wird aber hier ein wenig anders dargestellt sein, als Sie es bisher kannten, anderes ist Ihnen vielleicht nicht mehr oder noch nicht so gut vertraut, wie es zum Meistern der nun folgenden Kapitel der Fall sein sollte.

Damit Sie Ihren persönlichen Königsweg finden können, werden im Kapitel 1 die grundlegenden Begriffe und Regeln der Reihe nach und möglichst aufeinander aufbauend eingeführt:

- In jedem Unterkapitel wird ein Thema vorgestellt, meistens folgen darauf ein erläuterndes Beispiel und eine Aufgabe.
- Wenn Sie mit der Aufgabe selbstständig zurechtkommen, dann können Sie ins nächste Unterkapitel gehen und probieren, ob es dort wieder so gut klappt.
- Wenn Sie dagegen Probleme mit der Aufgabe oder gar mit dem grundlegenden Verstehen des Themas haben, dann wird Ihnen entweder eine Vertiefung in Form von weiteren Übungsaufgaben angeboten oder das Buch sagt Ihnen, in welchem Abschnitt einer Mentor Lernhilfe für die Mittelstufe Sie sich intensiver mit den gerade zutage getretenen Problemen auseinandersetzen können.

Dieses erste Kapitel wird also für viele unter den Lesern eine *Kurzwiederholung* sein, mit deren Hilfe jeder sich selbst ein Bild vom Stand seines Stochastik-Grundwissens machen kann. Ab dem zweiten Kapitel wird es dann so richtig ernst: Den Stoff als solchen werden Sie zwar teilweise auch schon kennen, aber er begegnet Ihnen hier auf dem Niveau der Oberstufe, wenn auch anfangs noch in zurückhaltender Intensität. Dennoch sollten Sie spätestens ab Kapitel 2 voll bei der Sache sein, damit Sie auf der richtigen „Betriebstemperatur“ sind, wenn die Ansprüche des Stoffes Sie zu fordern beginnen!

1.3 Zufallsexperimente und LAPLACE-Experimente

Es gibt im täglichen Leben Vorkommnisse („Experimente“), die bei Wiederholung zu verschiedenen Ausgängen führen können, obwohl die Bedingungen des Experiments unverändert bleiben. Keiner dieser Ausgänge ist bei der Ausführung des Experiments begünstigt.
Solche Experimente heißen **Zufallsexperimente**.

Besonders deutlich tritt der Zufallscharakter solcher Experimente bei den sogenannten Glücksspielen zutage:

- das Werfen eines Spielwürfels: Die Ergebnisse sind die Augenzahlen von 1 bis 6;
- das Werfen einer Münze: Die Ergebnisse sind Kopf bzw. Wappen (W) und Zahl (Z);
- das Drehen eines Glücksrads: Die Ergebnisse sind die Sektoren auf der Scheibe;
- das Ziehen von Kugeln aus einer Urne: Die Ergebnisse sind die Farben oder die aufgedruckten Zahlen der Kugeln;
- das Roulettespiel: Die Ergebnisse sind die Zahlen von 0 bis 36;
- das verdeckte Ziehen einer Karte aus einem Kartenspiel: Die Ergebnisse sind Bilder (Bube, Dame, König, Ass) und Zahlen (2, 3, …, 10).

Auch die Auswahl einer Zahl etwa zwischen 1 und 100 durch einen *Zufallsgenerator* ist ein Zufallsexperiment.

Beispiel

Man wirft einen Würfel 100-mal und notiert jedes Mal die Augenzahl. Auf diese Weise erhielt die Tochter des Autors folgende Häufigkeiten der Augenzahlen als Ergebnis:

13-mal die „Eins"
21-mal die „Zwei"
16-mal die „Drei"
11-mal die „Vier"
22-mal die „Fünf"
17-mal die „Sechs"

Wirft man 1000-mal, könnte das Ergebnis so aussehen:

157-mal die „Eins"
194-mal die „Zwei"
140-mal die „Drei"
135-mal die „Vier"
206-mal die „Fünf"
168-mal die „Sechs"

Jede weitere Serie von 1000 Würfen ergibt wieder ein anderes Ergebnis. Dennoch: Bei jeder 1000-Serie ist die Häufigkeit, mit der eine bestimmte Augenzahl auftritt, nicht willkürlich, sondern sie schwankt mehr oder weniger stark um einen festen Wert herum.

Wir werfen nun einen exakt symmetrisch gefertigten Würfel, von dem wir wissen, dass er aus einem homogenen Material gefertigt ist. Sein Schwerpunkt liegt also genau in der Körpermitte. Wenn wir diesen Würfel wie im Beispiel beschrieben *sehr oft* werfen, werden wir feststellen, dass alle

Ergebnisse, also die Augenzahlen 1 bis 6, mit der *gleichen Wahrscheinlichkeit* $\frac{1}{6}$ auftreten.

Bei einem gezinkten Würfel dagegen, dessen Schwerpunkt nicht in der Würfelmitte liegt, werden wir diese gleichmäßige Verteilung der Wahrscheinlichkeiten sicher nicht bekommen. Vielmehr wird das Ergebnis, eine „Sechs" zu würfeln, eine größere Wahrscheinlichkeit besitzen als eine „Zwei" oder eine „Vier" zu würfeln.

Beispiel

Aus einem gut gemischten Skatspiel mit seinen 32 Karten ziehen wir eine Karte.
Hier haben alle 32 Karten des Spiels die gleiche Wahrscheinlichkeit, gezogen zu werden. Die Wahrscheinlichkeit, die Herz-Dame zu ziehen, ist also genau so groß wie den Karo-Bube zu ziehen, nämlich $\frac{1}{32}$.

Zufallsexperimente, bei denen alle Versuchsausgänge die gleiche Wahrscheinlichkeit haben, nennt man **LAPLACE-Experimente**.
Im Kapitel 3, das sich mit solchen Experimenten näher befasst, finden Sie dann eine mathematisch präzisere Definition des LAPLACE-Experiments.

Wirft man einen Würfel zweimal, wirft man eine Münze dreimal oder zieht man aus einer Urne nacheinander zwei Kugeln und bildet aus den Einzelergebnissen ein neues Ergebnis, spricht man von *mehrstufigen Zufallsexperimenten*. Sie werden im Abschnitt 2.3 näher untersucht.

Bevor Sie zu den „Experimenten" eine Aufgabe bearbeiten können, müssen Sie noch einige weitere Begriffe beherrschen:

1.4 Ergebnis und Ergebnisraum

Zur mathematischen Erfassung des Zufallsgeschehens, etwa eines bestimmten Zufallsexperiments, gehört die Beschreibung *aller möglichen Versuchsausgänge.*
So sind beispielsweise beim Würfeln die Augenzahlen 1, 2, 3, 4, 5, 6, beim Münzwurf die Symbole „Wappen" oder „Zahl" und beim Urnenzug die Farben bzw. die Zahlen auf den Kugeln als einfache Versuchsausgänge nahe liegend.

Definition

- Jeder mögliche Versuchsausgang eines Zufallsexperiments heißt **Ergebnis** ω des Zufallsexperiments.
- Die Menge Ω aller Ergebnisse $\omega_1, \omega_2, \ldots, \omega_n$ heißt **Ergebnisraum** des Zufallsexperiments, wenn jedem Versuchsausgang genau ein Element ω_k aus Ω zugeordnet ist.

Am Beispiel des Würfelns erkennt man, dass man ein und demselben Zufallsexperiment unterschiedliche Ergebnisräume zuweisen kann, je nach dem Zweck, den man mit dem Wurf verfolgt. Oder anders formuliert: je nachdem, wie die möglichen Versuchsausgänge festgelegt worden sind.

Wir können wählen zwischen

$\Omega_1 = \{1, 2, 3, 4, 5, 6\}$
$\Omega_2 = \{$gerade Augenzahl, ungerade Augenzahl$\}$
$\Omega_3 = \{$Primzahl, keine Primzahl$\}$
$\Omega_4 = \{$Sechs, keine Sechs$\}$

und anderen mehr.

Wir nennen Ω_2, Ω_3 und Ω_4 jeweils eine **Vergröberung** des Ergebnisraums Ω_1 und umgekehrt Ω_1 eine **Verfeinerung** von Ω_2 bzw. Ω_3 bzw. Ω_4.
Welcher der infrage kommenden Ergebnisräume der passende ist, ergibt sich aus der Problemstellung.

Machen Sie sich bei allen Zufallsexperimenten erst einmal klar, was die Ergebnisse sind und wie der Ergebnisraum aussieht.

Sehen wir uns die Ergebnisräume anderer Zufallsexperimente an!

- Der Münzwurf:
  $\Omega = \{$Wappen, Zahl$\}$, kurz $\{W, Z\}$
- Das Ziehen einer Kugel aus einer Urne mit roten, schwarzen und weißen Kugeln:
  $\Omega = \{$rot, schwarz, weiß$\}$, kurz $\{r, s, w\}$
- Das Ziehen aus einem Lostopf:
  $\Omega = \{$Treffer, Niete$\}$, kurz $\{T, N\}$ oder $\{1, 0\}$

Auch die Ergebnisräume von mehrstufigen Zufallsexperimenten lassen sich jetzt angeben:

- Zweimaliges Werfen eines Würfels.

  Wir schreiben die Ergebnisse als Zahlenpaare, zum Beispiel (3, 4). Dabei bedeutet 3 die zuerst gewürfelte Augenzahl und 4 die danach gewürfelte. Damit ergibt sich folgender Ergebnisraum:

  $\Omega_1 = \{(1, 1), (1, 2), \ldots, (1, 6), (2, 1), (2, 2), \ldots, (6, 5), (6, 6)\}$

  Eine Vergröberung dieses Ergebnisraums wäre zum Beispiel der Ergebnisraum:
  $\Omega_2 = \{$gleiche Augenzahl, unterschiedliche Augenzahl$\}$

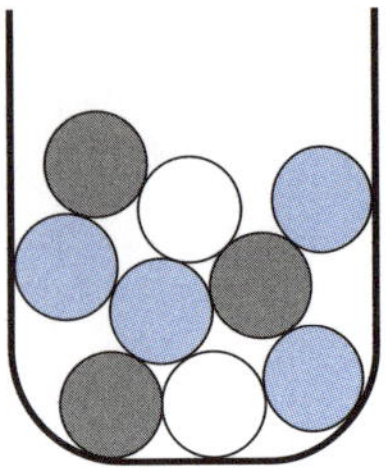

- Zweimaliges Ziehen einer Kugel aus einer Urne mit 4 blauen, 3 schwarzen und 2 weißen Kugeln.

  Dies kann *mit* oder *ohne Zurücklegen* der zuerst gezogenen Kugel erfolgen, denn der Ergebnisraum ist hier in beiden Fällen derselbe.
  Die Ergebnisse lassen sich auch hier als Paare schreiben, wobei die zuerst gezogene Kugel an erster Stelle steht:

  $\Omega = \{(r, r), (r, s), (r, w), (s, r), (s, s), (s, w), (w, r), (w, s), (w, w)\}$

  Die Menge Ω enthält hier 9 Elemente. Man sagt dafür: „Die **Mächtigkeit** des Ergebnisraums Ω beträgt 9", und man schreibt: $|\Omega| = 9$

  Da Missverständnisse ausgeschlossen sind, lässt sich Ω auch kürzer schreiben:

  $\Omega = \{rr, rs, rw, sr, ss, sw, wr, ws, ww\}$

  Beachten Sie aber bei dieser Darstellung, dass zum Beispiel rs und sr verschiedene Ergebnisse sind, da es hier beim Ziehen der beiden Kugeln auf die *Reihenfolge* ankommt.

  Auch hier kann eine Vergröberung Ω_1 in manchen Fällen ausreichend sein:

  $\Omega_1 = \{\text{gleichfarbige Kugeln, ungleichfarbige Kugeln}\}$

  Die Mächtigkeit von Ω_1 beträgt dann nur noch 2 ($|\Omega_1| = 2$).

Aufgaben

1 Münze und Würfel werden gleichzeitig geworfen. Schreiben Sie alle Ergebnisse als Paarkombinationen aus den Symbolen W und Z einerseits und den Zahlen 1, 2, 3, 4, 5, 6 andererseits.

Wenn diese erste Aufgabe Ihnen Anlaufschwierigkeiten bereitet hat, dann üben Sie noch ein wenig weiter mit den nächsten drei Aufgaben:

2 Zwei Würfel werden gleichzeitig geworfen und bei jedem Wurf wird die Augensumme gebildet. Geben Sie den Ergebnisraum und seine Mächtigkeit an.

3 Aus einer Urne mit 2 roten, 1 schwarzen und 3 weißen Kugeln werden *nacheinander* 2 Kugeln *ohne Zurücklegen* gezogen. Geben Sie einen möglichst feinen Ergebnisraum und seine Mächtigkeit an.

4 Aus einer Urne mit 3 blauen, 3 grünen und 3 weißen Kugeln werden mit einem Griff 3 Kugeln gezogen.
Beim gleichzeitigen Greifen gibt es keine Reihenfolge unter den drei gezogenen Kugeln! Geben Sie einen dementsprechenden Ergebnisraum und seine Mächtigkeit an.

1.5 Ereignis und Ereignisraum

Bei Zufallsexperimenten können außer dem Ergebnisraum Ω auch Teilmengen davon von besonderem Interesse sein, nämlich Mengen, die nur ganz bestimmte Ergebnisse von Ω enthalten.

Zum Beispiel interessiert man sich beim Spiel „Mensch ärgere dich nicht!" nur dafür, ob man eine „Sechs" würfelt oder nicht, wenn man ins Spiel kommen will.
Im Ergebnisraum $\Omega = \{1, 2, 3, 4, 5, 6\}$ bildet die „Sechs" die Teilmenge $\{6\}$ und „Nicht-Sechs" bildet die Teilmenge $\{1, 2, 3, 4, 5\}$.
Oder man unterscheidet gerade und ungerade Augenzahlen. Die zugehörigen Teilmengen heißen dann $\{2, 4, 6\}$ bzw. $\{1, 3, 5\}$.
Solche Teilmengen des Ergebnisraums nennen wir *Ereignisse*.

Definition

Jede Teilmenge E des Ergebnisraums Ω heißt **Ereignis**.
Man sagt: Das Ereignis E tritt ein, wenn das Versuchsergebnis ω ein Element der Menge E ist.

Die Menge *aller* Ereignisse von Ω heißt **Ereignisraum**.

Werfe ich eine 2, dann ist das Ereignis $E_1 = \{2, 4, 6\}$ eingetreten, ebenso wenn ich eine 4 oder eine 6 werfe. Werfe ich dagegen die 3, dann ist das Ereignis $E_2 = \{1, 3, 5\}$ eingetreten.

Wir stellen fest:

Werden beliebig viele Ergebnisse eines Ergebnisraums zusammengefasst, entsteht daraus ein *Ereignis*. Das Ereignis trifft immer genau dann ein, wenn das Versuchsergebnis in dem Ereignis vorkommt.

Beachten Sie zur Unterscheidung der Begriffe Ereigbnis und Ereignis noch Folgendes:

Bei einer Vergröberung des Ergebnisraums kann aus einem Ereignis ein Ergebnis des vergröberten Ergebnisraums werden!
So ist zum Beispiel in $\Omega = \{1, 2, 3, 4, 5, 6\}$ das Ereignis $E_1 = \{2, 4, 6\}$ ein Ergebnis des vergröberten Ergebnisraums $\Omega_1 = \{\text{gerade Zahl, ungerade Zahl}\}$, ebenso das Ereignis $E_2 = \{1, 3, 5\}$.

Vermeiden Sie deshalb eine Vergröberung des Ergebnisraums, es sei denn, sie ist Gegenstand einer Aufgabe.

Beispiel

Das Ereignis E beim Würfeln mit zwei vollkommen gleichen Würfeln soll durch die Augensumme „kleiner als 5" festgelegt werden.

Da jedes Wurfergebnis ein ungeordnetes Zahlenpaar ist (es gibt ja keine Unterscheidung der beiden Würfel), genügt für Ω die vereinfachte Darstellung:

$\Omega = \{1\,1, 1\,2, 1\,3, 1\,4, 1\,5, 1\,6, 2\,2, 2\,3, 2\,4, 2\,5, 2\,6, 3\,3, 3\,4, 3\,5, 3\,6, 4\,4, 4\,5, 4\,6, 5\,5, 5\,6, 6\,6\}$

2 1 ist das gleiche Ergebnis wie 1 2, das Ergebnis 4 2 ist das gleiche wie 2 4 usw. Vergleichen Sie dazu Aufgabe 2!
Die Mächtigkeit von Ω beträgt in unserer Darstellung:

$|\Omega| = 6 + 5 + 4 + 3 + 2 + 1 = 21$

Nach der Bestimmung des Ergebnisraums Ω kommen wir nun zum gewünschten *Ereignis*!
Die Bedingung, dass die Augensumme bei einem Wurf „kleiner als 5" ist, wird genau durch das Ereignis $E = \{1\,1, 1\,2, 1\,3, 2\,2\}$ erfüllt.

Aufgabe

5 Ein Glücksrad hat 4 gleich große Felder mit den Ziffern 1, 2, 3, 4. Das Rad wird zweimal gedreht und das Ergebnis als zweistellige Zahl angegeben, wobei die erste erzielte Ziffer die Zehnerstelle einnimmt, die zweite Ziffer die Einerstelle.
Schreiben Sie den Ergebnisraum und folgende Ereignisse elementweise auf:
A: „Die Zahl ist ungerade."
B: „Die Quersumme der Zahl ist durch 4 teilbar."
C: „Die Zahl ist kleiner als 30."
D: „Die Zahl ist größer als 20."

Sollten Sie jetzt grundsätzliche Verständnisprobleme entdeckt haben, dann denken Sie noch einmal gut über den Unterschied zwischen den Begriffen *Ergebnis* und *Ereignis* nach! (Mit diesem Thema beschäftigt sich übrigens auch das Kapitel E4 der Lernhilfe ML 621 „Algebra 2, 7./8. Klasse".)

Zwei wichtige Hinweise brauchen Sie noch, bevor wir uns dem nächsten Abschnitt zuwenden können:

1. Der Ergebnisraum Ω selbst, also das *sichere Ereignis*, und das *unmögliche Ereignis*, die leere Menge { }, zählen ebenfalls zu den Teilmengen von Ω. Deshalb sind auch sie Elemente des Ereignisraums.
2. Im Ergebnisraum $\Omega = \{\omega_1, \omega_2, \ldots, \omega_n\}$ werden aus den Ergebnissen ω_1, $\omega_2, \ldots, \omega_n$ einelementige Teilmengen $\{\omega_1\}, \{\omega_2\}, \ldots, \{\omega_n\}$ gebildet. Diese Ereignisse nennt man **Elementarereignisse** des Ergebnisraums Ω.
   Achten Sie dabei auf den formalen Unterschied zwischen den Begriffen „Ergebnis ω" und „Elementarereignis $\{\omega\}$". Der inhaltliche Unterschied zwischen Ergebnis und Elementarereignis wird Ihnen erst später plausibel: Wahrscheinlichkeitsberechnungen können ausschließlich mit *Ereignissen* und nicht mit Ergebnissen ausgeführt werden.

1.6 Unvereinbare Ereignisse

Zwei gleiche Münzen werden geworfen. Da die Münzen nicht unterscheidbar sind, gibt es nur die drei Ergebnisse WW, WZ (= ZW) und ZZ.
Der Ergebnisraum setzt sich daher nur aus diesen Ergebnissen zusammen:
$\Omega = \{WW, WZ, ZZ\}$

Alle Teilmengen von Ω sind Ereignisse; sie lauten wie folgt:

- Das sichere Ereignis $E_1 = \Omega$
- Das unmögliche Ereignis $E_2 = \{\,\}$
- Die Elementarereignisse $E_3 = \{WW\}$, $E_4 = \{WZ\}$ und $E_5 = \{ZZ\}$
- Die übrigen Ereignisse $E_6 = \{WW, WZ\}$, $E_7 = \{WZ, ZZ\}$ und $E_8 = \{WW, ZZ\}$

Da die einzelnen Ergebnisse eines Zufallsexperiments in mehreren Ereignissen enthalten sind, *können zwei oder mehr Ereignisse gleichzeitig eintreten*!
Beispielsweise treten die Ereignisse $E_1 = \Omega$, $E_3 = \{WW\}$, $E_6 = \{WW, WZ\}$ und $E_8 = \{WW, ZZ\}$ gleichzeitig ein, wenn beide Münzen auf „Wappen" fallen.

Es gibt natürlich auch Ereignisse, die keine gemeinsamen Elemente haben, zum Beispiel $E_3 = \{WW\}$ und $E_7 = \{WZ, ZZ\}$. Für diesen Fall führt man einen neuen Begriff ein:

Definition

Zwei Ereignisse A und B eines Ergebnisraums heißen **unvereinbar** oder **disjunkt**, wenn gilt:

$A \cap B = \{\,\}$

Aus dieser Definition geht sofort hervor, dass je zwei Elementarereignisse unvereinbar sein müssen.

!

Je zwei Elementarereignisse sind stets unvereinbar bzw. disjunkt.

Beispiel

Jemand kauft 3 Lose und öffnet sie nacheinander. Wir unterscheiden Treffer (1) und Niete (0).

Ein geeigneter Ergebnisraum ist demnach:
$\Omega = \{1\,1\,1,\ 1\,1\,0,\ 1\,0\,1,\ 1\,0\,0,\ 0\,1\,1,\ 0\,1\,0,\ 0\,0\,1,\ 0\,0\,0\}$

Wir untersuchen die Ereignisse E_1: „Höchstens ein Los gewinnt",
E_2: „Das 1. und 3. Los gewinnt" und
E_3: „Mindestens ein Los gewinnt"

auf ihre paarweise Unvereinbarkeit. Dazu schreiben wir die Ereignisse elementweise an:

$E_1 = \{1\,0\,0,\ 0\,1\,0,\ 0\,0\,1,\ 0\,0\,0\}$

$E_2 = \{1\,1\,1,\ 1\,0\,1\}$

$E_3 = \{1\,1\,1,\ 1\,1\,0,\ 1\,0\,1,\ 1\,0\,0,\ 0\,1\,1,\ 0\,1\,0,\ 0\,0\,1\}$

Nur die Schnittmenge $E_1 \cap E_2$ ist die leere Menge (E_1 und E_2 sind also unvereinbar), während E_1 und E_3 bzw. E_2 und E_3 vereinbar sind.

Aufgabe 6 Zwei gleiche Würfel werden gleichzeitig geworfen.

a) Stellen Sie den Ergebnisraum auf.

b) Untersuchen Sie folgende Ereignisse auf Unvereinbarkeit:
E_1: „Das Produkt der Augenzahlen ist durch 4 teilbar" und
E_2: „Die Summe der Augenzahlen ist eine Primzahl."

1.7 Ereignisalgebra

Da jedes Ereignis eine Teil*menge* einer Grundmenge ist, nämlich des Ergebnisraums Ω, lassen sich Ereignisse auch grafisch in einem *Mengen*diagramm, dem **VENN-Diagramm**, darstellen.

Will man nur ein einziges Ereignis A des Ergebnisraums behandeln, genügt das einfache VENN-Diagramm:

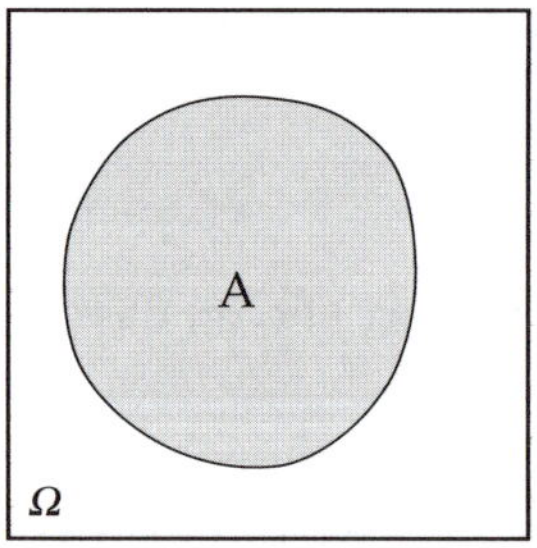

Werden dagegen zwei Ereignisse A und B eines Ergebnisraums Ω betrachtet, sieht die grafische Darstellung der beiden Ereignisse in ihrem Ergebnisraum so aus:

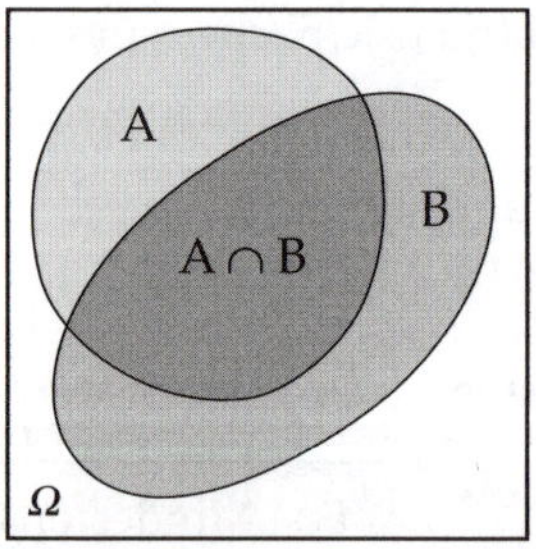

Bei drei und mehr Ereignissen kann die Teilmengenbildung folgendes Aussehen haben:

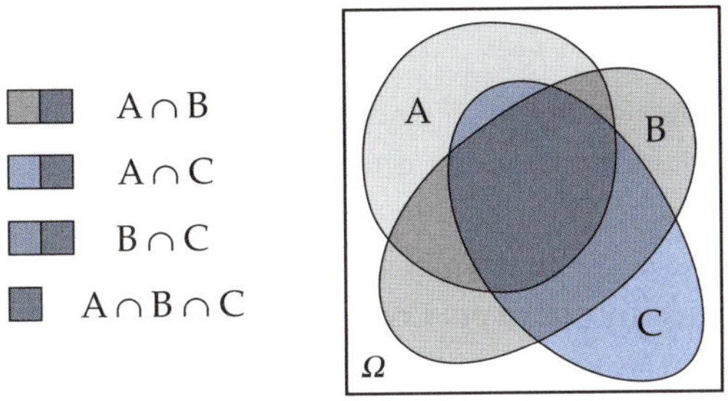

Wenn das Ereignis A eine echte Teilmenge von Ω ist, gibt es auch Ergebnisse aus Ω, die *nicht* im Ereignis A enthalten sind. Diese Ergebnisse bilden die Menge $\overline{A}$ (gesprochen „Nicht-A"), das **Gegenereignis** zum Ereignis A. Man schreibt dafür: $\overline{A} = \Omega \backslash A$

Zum Beispiel ist beim einfachen Würfelspiel das Ereignis $\overline{A} = \{1, 4, 6\}$ das Gegenereignis zum Ereignis A: „Die Augenzahl ist prim."

Die VENN-Diagramme sind in der Praxis wegen ihrer willkürlichen Umrandungen der Mengen unhandlich. Stattdessen bedient man sich der Einfachheit halber der **Mehrfeldertafeln**. Hierbei teilt man das Rechteck Ω in so viele Rechtecksstreifen ein, wie man für die Ereignisse und ihre Gegenereignisse braucht.

- Steht nur ein einziges Ereignis A zur Debatte, genügt die *2-Felder-Tafel*:

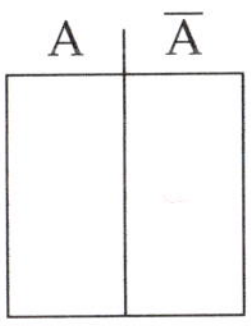

- Bei zwei unterschiedlichen Ereignissen A und B wird man den Ergebnisraum Ω in vier Felder einteilen müssen. Man erhält so die *4-Felder-Tafel*:

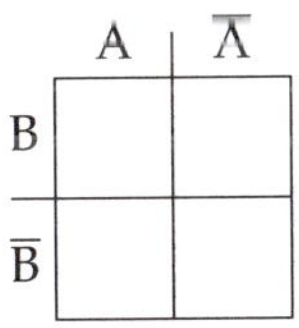

- Drei verschiedene Ereignisse A, B und C erfordern bereits eine *8-Felder-Tafel:*

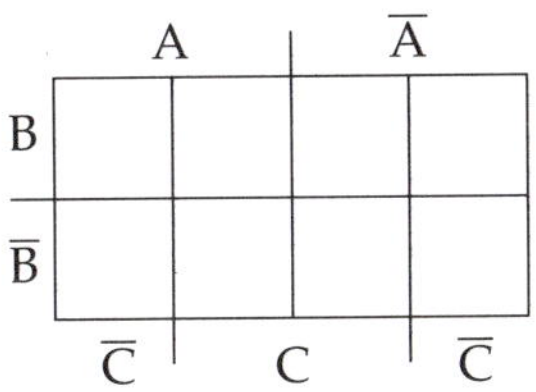

Bei mehr als vier Ereignissen lassen sich die vielen gegenseitigen Überschneidungen nicht mehr in Mehrfeldertafeln darstellen, hier muss man die anfangs erwähnten VENN-Diagramme benutzen. Wir werden uns allerdings im Grundkurs auf die grafische Darstellung von drei Ereignissen (und ihren Gegenereignissen) beschränken und aus diesem Grund ausschließlich Mehrfeldertafeln verwenden.

Die Mengenverknüpfungen $\cup$ und $\cap$ lassen sich auf beliebige Ereignisse eines Ergebnisraums anwenden und mit VENN-Diagramm und Mehrfeldertafel können wir die Verknüpfungen auch grafisch darstellen. Dieses Rechnen mit Mengen, die alle aus der Menge Ω stammen, also das *Rechnen mit Ereignissen*, bezeichnet man als **Ereignisalgebra**.

Wie bei allen Verknüpfungen in der Mathematik gelten auch in der Ereignisalgebra ganz bestimmte Rechengesetze und -regeln, nämlich die der Mengenlehre:
Von früher sind uns sicher noch das Kommutativgesetz (Vertauschungsgesetz) und das Assoziativgesetz (Verbindungsgesetz) bekannt:

Gesetz

I	$A \cap B = B \cap A$ $A \cup B = B \cup A$	**Kommutativgesetze**
II	$(A \cap B) \cap C = A \cap (B \cap C)$ $(A \cup B) \cup C = A \cup (B \cup C)$	**Assoziativgesetze**

Nicht so selbstverständlich sind dagegen die Distributivgesetze:

Gesetz

III	$A \cap (B \cup C) = (A \cap B) \cup (A \cap C)$ $A \cup (B \cap C) = (A \cup B) \cap (A \cup C)$	**Distributivgesetze**

Eine Trivialität stellen die Idempotenzgesetze dar:

Gesetz

IV	$A \cap A = A$ $A \cup A = A$	**Idempotenzgesetze**

Eine wichtige Rolle spielen die beiden DE-MORGAN-Gesetze, deren Gültigkeit Sie sich am besten in einem VENN-Diagrammm klarmachen sollten:

Gesetz

V	$\overline{A \cap B} = \overline{A} \cup \overline{B}$ $\overline{A \cup B} = \overline{A} \cap \overline{B}$	**DE-MORGAN-Gesetze**

Die übrigen Gesetze der Mengenlehre bzw. der Ereignisalgebra betreffen das Gegenereignis $\overline{A}$, den ganzen Ergebnisraum Ω und das unmögliche Ereignis { }:

Gesetz

VI	$A \cap \Omega = A$ $A \cup \Omega = \Omega$	$A \cup \{\,\} = A$ $A \cap \{\,\} = \{\,\}$	$A \cap \overline{A} = \{\,\}$ $A \cup \overline{A} = \Omega$	$\overline{\overline{A}} = A$

7 Bestätigen Sie allgemein die Gültigkeit der beiden DE-MORGAN-Gesetze anhand **Aufgabe**

a) eines VENN-Diagramms

b) einer 4-Felder-Tafel.

Beim Vorhandensein von mehreren Ereignissen im Ergebnisraum kommt es sehr darauf an, neue Ereignisse, die durch die Verknüpfungen $\cap$ und $\cup$ zweier Ereignisse entstehen, genau zu beschreiben. Umgangssprachliche Sprechweisen spielen dabei eine große Rolle, denn *hier* sind sie mathematisch exakt.
Wir wollen dies anhand zweier Ereignisse A und B im Rahmen einer 4-Felder-Tafel demonstrieren:

Sprechweisen

- *Sowohl Ereignis A als auch B tritt ein:*
  $E = A \cap B$

  E ist die Schnittmenge der Ereignisse A und B.
  Beide Ereignisse treten gleichzeitig ein.

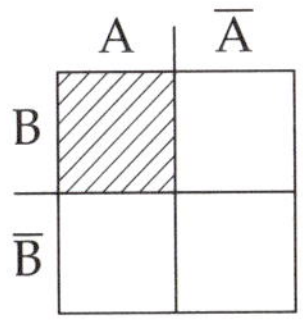

- *Mindestens eines der Ereignisse A und B tritt ein:*
  $E = A \cup B$

  E ist die Vereinigung der Ereignisse A und B.
  Ereignis A oder B oder beide treten ein.

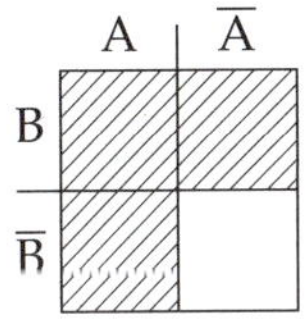

- *Höchstens eines der Ereignisse A und B tritt ein:*
  $E = \overline{A} \cup \overline{B}$

  Die Ereignisse A und B sollen nicht gleichzeitig eintreten, $A \cap B$ (links oben) wird daher aus Ω herausgenommen.

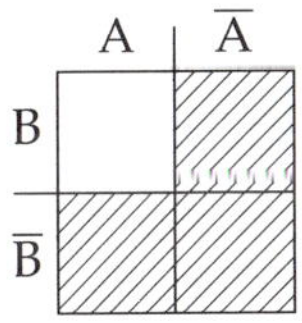

- *Weder Ereignis A noch B tritt ein:*
  $E = \overline{A} \cap \overline{B}$

  Die Ereignisse A und B sollen beide aus Ω herausgenommen werden, daher bleibt nur noch $\overline{A} \cap \overline{B}$ (rechts unten) übrig.

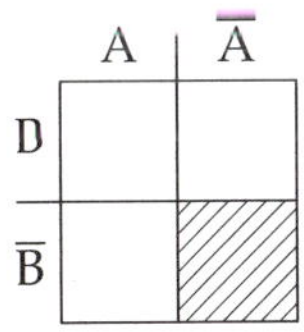

- *Entweder Ereignis A oder B tritt ein:*
  $E = (A \cap \overline{B}) \cup (\overline{A} \cap B)$

  Dies ist von den 5 Fällen der schwierigste.
  Tritt A ein, darf nicht gleichzeitig B eintreten
  $\Rightarrow$ es bleibt das Feld links unten: $(A \cap \overline{B})$
  Tritt dagegen B ein, darf nicht gleichzeitig A eintreten
  $\Rightarrow$ es bleibt das Feld rechts oben: $(\overline{A} \cap B)$

  E ist daher die Vereinigung dieser beiden Felder.

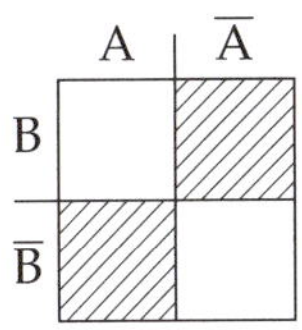

Beispiel

Jemand kauft 4 Lose. Unterscheidet man zwischen Treffer (1) und Niete (0) und berücksichtigt auch noch Glück und Pech beim Öffnen der Lose, lässt sich folgender Ergebnisraum aufstellen:

$\Omega = \{1\,1\,1\,1,\ 1\,1\,1\,0,\ 1\,1\,0\,1,\ 1\,1\,0\,0,\ 1\,0\,1\,1,\ 1\,0\,1\,0,\ 1\,0\,0\,1,\ 1\,0\,0\,0,\ 0\,1\,1\,1,$
$0\,1\,1\,0,\ 0\,1\,0\,1,\ 0\,1\,0\,0,\ 0\,0\,1\,1,\ 0\,0\,1\,0,\ 0\,0\,0\,1,\ 0\,0\,0\,0\}$

Oder, gruppiert nach der Trefferanzahl:

$\Omega = \{1\,1\,1\,1,\ 1\,1\,1\,0,\ 1\,1\,0\,1,\ 1\,0\,1\,1,\ 0\,1\,1\,1,\ 1\,1\,0\,0,\ 1\,0\,1\,0,\ 1\,0\,0\,1,\ 0\,1\,1\,0,$
$0\,1\,0\,1,\ 0\,0\,1\,1,\ 1\,0\,0\,0,\ 0\,1\,0\,0,\ 0\,0\,1\,0,\ 0\,0\,0\,1,\ 0\,0\,0\,0\}$

Jedes dieser 16 Ergebnisse gibt die Trefferausbeute an, wenn man die Lose der Reihe nach öffnet. 1 1 0 1 beispielsweise bedeutet: Treffer-Treffer-Niete-Treffer in der Reihenfolge des Öffnens.

Wir wollen nun aus Ω zwei beliebige Ereignisse A und B herausgreifen, etwa

A: „Mehr als 1 Treffer" B: „1 oder 2 Treffer"

und sie wie oben beschrieben verknüpfen.
Vorteilhafterweise schreibt man zuerst beide Ereignisse elementweise an:

$A = \{1\,1\,1\,1,\ 1\,1\,1\,0,\ 1\,1\,0\,1,\ 1\,0\,1\,1,\ 0\,1\,1\,1,\ 1\,1\,0\,0,\ 1\,0\,1\,0,\ 1\,0\,0\,1,\ 0\,1\,1\,0,$
$0\,1\,0\,1,\ 0\,0\,1\,1\}$

$B = \{1\,1\,0\,0,\ 1\,0\,1\,0,\ 1\,0\,0\,1,\ 0\,1\,1\,0,\ 0\,1\,0\,1,\ 0\,0\,1\,1,\ 1\,0\,0\,0,\ 0\,1\,0\,0,\ 0\,0\,1\,0,$
$0\,0\,0\,1\}$

- Die Gegenereignisse $\overline{A}$ und $\overline{B}$ lassen sich am leichtesten ermitteln:
  $\overline{A}$: „1 Treffer oder kein Treffer."
  $\overline{A} = \{1\,0\,0\,0,\ 0\,1\,0\,0,\ 0\,0\,1\,0,\ 0\,0\,0\,1,\ 0\,0\,0\,0\}$
  $\overline{B}$: „3 Treffer, 4 Treffer oder kein Treffer."
  $\overline{B} = \{1\,1\,1\,1,\ 1\,1\,1\,0,\ 1\,1\,0\,1,\ 1\,0\,1\,1,\ 0\,1\,1\,1,\ 0\,0\,0\,0\}$
- $E_1 = A \cup B$ ist dann das Ereignis: „Mindestens eines der Ereignisse A und B tritt ein" und ist mit dem ganzen Ergebnisraum Ω außer 0 0 0 0 identisch: $A \cup B = \Omega \backslash \{0\,0\,0\,0\}$
- $E_2 = A \cap B$ ist das Ereignis: „Sowohl Ereignis A als auch B tritt ein" und ergibt die Menge $\{1\,1\,0\,0,\ 1\,0\,1\,0,\ 1\,0\,0\,1,\ 0\,1\,1\,0,\ 0\,1\,0\,1,\ 0\,0\,1\,1\}$. Sie ist gleichbedeutend mit dem Ereignis: „Genau 2 Treffer."
- $E_3 = \overline{A} \cap \overline{B}$ liefert das Ereignis: „Weder Ereignis A noch B tritt ein" und stellt die Menge $\{0\,0\,0\,0\}$ dar. Sie ist damit das Ereignis: „Alle Lose sind Nieten."
- Das Ereignis: „Entweder Ereignis A oder B" entspricht der Verknüpfung $E_4 = (A \cap \overline{B}) \cup (\overline{A} \cap B)$ und ergibt die Menge $\{1\,1\,1\,1,\ 1\,1\,1\,0,\ 1\,1\,0\,1,\ 1\,0\,1\,1,\ 0\,1\,1\,1,\ 1\,0\,0\,0,\ 0\,1\,0\,0,\ 0\,0\,1\,0,\ 0\,0\,0\,1\}$.
  Sie ist gleichbedeutend mit dem Ereignis: „1, 3 oder 4 Treffer."

Alle 16 Ergebnisse des Ergebnisraums lassen sich in einer 4-Felder-Tafel platzieren. Überprüfen Sie, ob die Ergebnisse der durch Verknüpfungen aus A, $\overline{\text{A}}$, B und $\overline{\text{B}}$ entstandenen Ereignisse E_1 bis E_4 im richtigen Feld stehen!

	A			$\overline{\text{A}}$		
B	1100 0110	1010 0101	1001 0011	1000 0001	0100	0010
$\overline{\text{B}}$	1111 1011	1110 0111	1101	0000		

Für das Rechnen mit Ereignissen gilt also:

Merke!

Die Verknüpfungen ∩ (Schnitt) und ∪ (Vereinigung) zweier Ereignisse bzw. ihrer Gegenereignisse ergeben wieder ein Ereignis.
Die Sprechweisen dafür sind:

$\text{A} \cap \text{B}$: sowohl – als auch
$\overline{\text{A}} \cap \overline{\text{B}}$: weder – noch
$\text{A} \cup \text{B}$: mindestens eines
$\overline{\text{A}} \cup \overline{\text{B}}$: höchstens eines
$(\text{A} \cap \overline{\text{B}}) \cup (\overline{\text{A}} \cap \text{B})$: entweder – oder

Aufgabe

8 Antje (A), Bettina (B) und Christian (C) kandidieren für das Amt des Schülersprechers. Als Resultat der Auszählung der Stimmen sind unter anderem folgende drei Ereignisse denkbar:

E: „Bettina wird Erste."
F: „Antje wird Letzte."
G: „Christian wird nicht Letzter."

a) Tragen Sie die Wahlergebnisse als Tripel aus A, B, C in einem Ergebnisraum Ω zusammen. (Das Tripel (B A C) bedeutet beispielsweise: B gewinnt, A wird Zweite und C Letzter.)

b) Erstellen Sie eine 8-Felder-Tafel für die Ereignisse E, F und G und tragen Sie die Ergebnisse aus Ω in das jeweils zum Ergebnis gehörende Feld der Tafel ein.

c) Bilden Sie folgende Ereignisse unter Verwendung der Ereignisse E, F, G, $\overline{\text{E}}$, $\overline{\text{F}}$ und $\overline{\text{G}}$:
R: „sowohl E als auch F"
S: „mindestens E oder G"
T: „weder F noch G"
U: „höchstens E oder F"
V: „entweder F oder G"

Relative Häufigkeit und Wahrscheinlichkeit

2.1 Relative Häufigkeit

Führt man ein und dasselbe Zufallsexperiment mit sehr vielen Versuchen durch, stellt man fest, dass manche Ereignisse häufiger eintreten als andere. Beispielsweise tritt beim Roulettespiel die dritte Kolonne (3, 6, 9, …, 36) an einem Abend viel häufiger ein als etwa die Querreihe (19, 20, 21).
Zählt man über viele Versuche des Zufallsexperiments hinweg ab, wie oft ein bestimmtes Ereignis eintritt, gelangt man zur *absoluten Häufigkeit* k des Ereignisses bei n Versuchen.
Diese Zahl müssen wir aber immer relativ zur Anzahl n aller Versuche sehen. So gelangen wir zu folgender Festlegung:

Definition

Tritt ein Ereignis E bei n Versuchen eines Zufallsexperiments k-mal ein, so heißt die Zahl k **absolute Häufigkeit** und $h_n(E) = \frac{k}{n}$ heißt **relative Häufigkeit** des Ereignisses E.

Erinnern Sie sich noch an das Würfelexperiment aus Abschnitt 1.3, bei dem ein Würfel 100-mal geworfen wurde? Es ergab sich 13-mal die „Eins", 21-mal die „Zwei", 16-mal die „Drei", 11-mal die „Vier", 22-mal die „Fünf" und 17-mal die „Sechs".
Diese Ergebniszahlen benutzen wir nun, um die relativen Häufigkeiten der 6 Elementarereignisse {1}, {2}, …, {6} zu berechnen:

$h_{100}(\{1\}) = \frac{13}{100} = 0{,}13$ $\qquad h_{100}(\{4\}) = \frac{11}{100} = 0{,}11$

$h_{100}(\{2\}) = \frac{21}{100} = 0{,}21$ $\qquad h_{100}(\{5\}) = \frac{22}{100} = 0{,}22$

$h_{100}(\{3\}) = \frac{16}{100} = 0{,}16$ $\qquad h_{100}(\{6\}) = \frac{17}{100} = 0{,}17$

Bei 1000 Würfen können wir die relativen Häufigkeiten der Wurfergebnisse erneut berechnen (siehe die Zahlen aus Abschnitt 1.3):

$$h_{1000}(\{1\}) = \frac{157}{1000} = 0{,}157 \qquad h_{1000}(\{4\}) = \frac{135}{1000} = 0{,}135$$

$$h_{1000}(\{2\}) = \frac{194}{1000} = 0{,}194 \qquad h_{1000}(\{5\}) = \frac{206}{1000} = 0{,}206$$

$$h_{1000}(\{3\}) = \frac{140}{1000} = 0{,}140 \qquad h_{1000}(\{6\}) = \frac{168}{1000} = 0{,}168$$

Im folgenden Diagramm sehen wir (in 100er-Abständen) drei Zahlenfolgen $h_n(\{6\})$, die sich aus je einer Versuchsserie von 1000 Würfen mit einem Würfel ergaben.

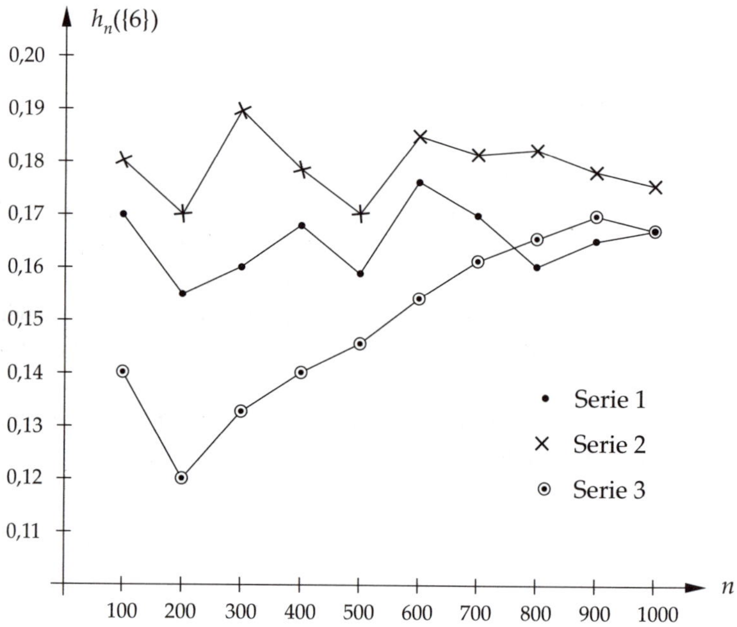

Mit zunehmender Versuchsanzahl n stabilisiert sich der Wert von $h_n(E)$ und nähert sich einem gewissen „Idealwert", den man eigentlich erst nach unendlich vielen Versuchen genau erreichen würde. Hieraus wird ersichtlich, dass auch das Zufallsgeschehen Regeln unterliegt, dem *Empirischen Gesetz der großen Zahlen*:

Gesetz

Bei der Auswertung empirischer Daten (das sind Daten aus der Erfahrung oder Beobachtung) stabilisiert sich bei einer ausreichend großen Anzahl von Versuchen die relative Häufigkeit bestimmter Ereignisse um einen festen Zahlenwert.

Beispiel

Das Ergebnis einer Klassenarbeit in einer Klasse mit 30 Schülern lautet:

Note	1	2	3	4	5	6
Anzahl k	1	5	7	9	6	2

Diese Häufigkeitsverteilung der sechs Notenstufen schauen wir uns einmal in einer Tabelle und in einem **Histogramm** an:

Note	$h_{30}\{E\} = \frac{k}{30}$	$\frac{k}{30} \cdot 100\,\%$
1	$\frac{1}{30}$	3,3 %
2	$\frac{5}{30}$	16,7 %
3	$\frac{7}{30}$	23,3 %
4	$\frac{9}{30}$	30 %
5	$\frac{6}{30}$	20 %
6	$\frac{2}{30}$	6,7 %

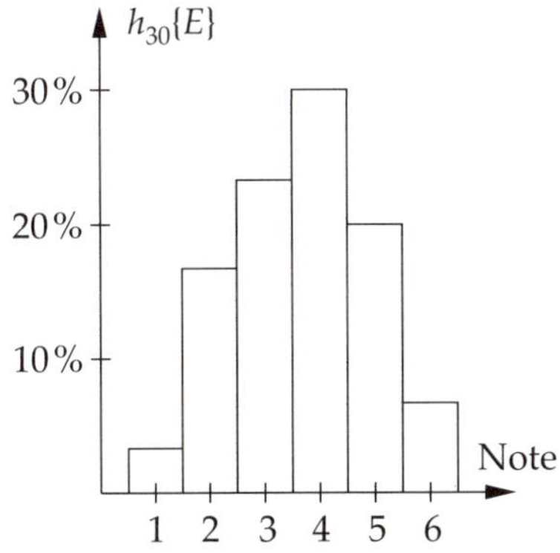

Da die Abstände zwischen den Notenstufen alle *gleich groß* sind, hätten wir uns hier auch mit einem einfachen **Stabdiagramm** als „Schnelldiagramm" begnügen können.

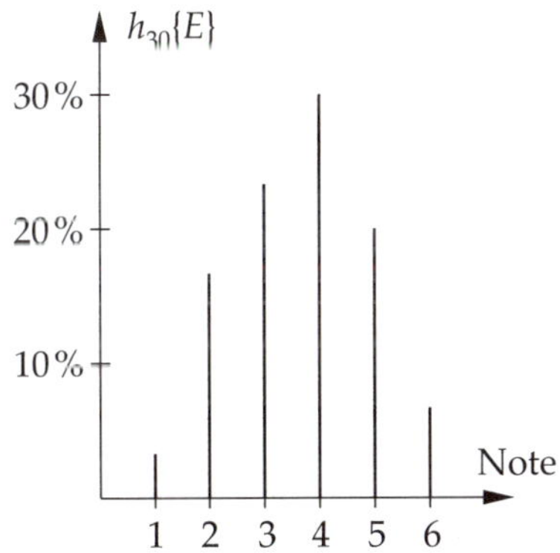

An dieser Stelle müssen wir uns mit der Vorstellung des Histogramms als grafische Darstellung einer Häufigkeitsverteilung begnügen. Erst im Kapitel 5 „Die Zufallsgröße" erlangen die Histogramme größere Bedeutung.

Eigenschaften der relativen Häufigkeit

Die relative Häufigkeit besitzt aufgrund ihrer Definition folgende Eigenschaften:

1. Die Zahl k bewegt sich nur zwischen den Werten 0 und n $(0 \leqq k \leqq n)$.

   Daraus folgt: $0 \leqq h_n(E) \leqq 1$

2. Die relative Häufigkeit des sicheren Ereignisses Ω beträgt 1, da jedes Versuchsergebnis ein Element von Ω ist $(k = n)$:

$$h_n(\Omega) = 1$$

3. Umgekehrt beträgt die relative Häufigkeit des unmöglichen Ereignisses 0, da $k = 0$ ist:

$$h_n(\{\ \}) = 0$$

4. Jedes Ereignis E und sein Gegenereignis $\overline{E}$ ergänzen sich zum Ergebnisraum Ω. Daraus ergibt sich mit Eigenschaft 2:

$$h_n(\overline{E}) = 1 - h_n(E)$$

5. Da ein beliebiges Ereignis E aus lauter Ergebnissen $\omega_1, \omega_2, \ldots, \omega_k$ des Ergebnisraums zusammengesetzt ist, besitzt dieses Ereignis $E = \{\omega_1, \omega_2, \ldots, \omega_k\}$ die relative Häufigkeit:

$$h_n(E) = h_n(\{\omega_1\}) + h_n(\{\omega_2\}) + \ldots + h_n(\{\omega_k\})$$

oder in abgekürzter Schreibweise mit dem Summenzeichen:

$$h_n(E) = \sum_{i=1}^{k} h_n(\{\omega_i\})$$

6. Bei zwei beliebigen *unvereinbaren* Ereignissen A und B ist $A \cap B$ die leere Menge. In einer 4-Felder-Tafel enthält das Feld $A \cap B$ also keine Ergebnisse. Die Mächtigkeit des Ereignisses $A \cup B$ ist daher die Summe der Mächtigkeiten von A und B. Dies überträgt sich auch auf die relativen Häufigkeiten:

$$h_n(A \cup B) = h_n(A) + h_n(B)\,; \qquad A \cap B = \{\ \}$$

7. Sind die beiden Ereignisse A und B dagegen *vereinbar*, ist also die Schnittmenge $A \cap B \neq \{\ \}$, dann darf die relative Häufigkeit der Schnittmenge nicht unberücksichtigt bleiben:

$$h_n(A \cup B) = h_n(A) + h_n(B) - h_n(A \cap B)\,; \qquad A \cap B \neq \{\ \}$$

Die zuletzt genannte allgemeingültige Beziehung zwischen zwei beliebigen Ereignissen eines Ergebnisraums müssen wir uns unbedingt in einer 4-Felder-Tafel klarmachen.

Da die vier Felder Schnitte aus je 2 der Ereignisse A, B, $\overline{A}$, $\overline{B}$ kennzeichnen, können wir in diesen Feldern auch die zugehörigen relativen Häufigkeiten eintragen. Am Ende der Spalten A und $\overline{A}$ sowie der Zeilen B und $\overline{B}$ finden Sie außerdem die relativen Häufigkeiten der Ereignisse A, $\overline{A}$, B und $\overline{B}$ als Summe der Werte in den Feldern. Alle vier Felder zusammen haben die relative Häufigkeit 1.

	A	$\overline{A}$	
B	$h_n(A \cap B)$	$h_n(\overline{A} \cap B)$	$h_n(B)$
$\overline{B}$	$h_n(A \cap \overline{B})$	$h_n(\overline{A} \cap \overline{B})$	$h_n(\overline{B})$
	$h_n(A)$	$h_n(\overline{A})$	1

Wir nehmen uns das Ereignis $A \cup B$ vor, gekennzeichnet durch die drei farbigen Felder! Man sieht sofort, dass seine relative Häufigkeit $h_n(A \cup B)$ die Summe der relativen Häufigkeiten dieser drei Felder ist. Diese Summe ist aber gleichwertig mit der Summe $h_n(A) + h_n(B)$ abzüglich $h_n(A \cap B)$, denn die letztere Häufigkeit kommt ja in der Summe $h_n(A) + h_n(B)$ doppelt vor. Damit haben wir die Eigenschaft 7 nachgewiesen.

Beispiel

Von den 650 Schülerinnen und Schülern einer Fachoberschule sind 273 Mädchen. 28 % aller Schülerinnen und Schüler rauchen. Die Zahl der Mädchen, die rauchen, beträgt 78.

In einer 4-Felder-Tafel kann statt der absoluten Häufigkeit k der betrachteten Ereignisse auch ihre relative Häufigkeit $\frac{k}{n}$ eingetragen werden.

Mit den beiden Ereignissen M: „Mädchen" und R: „Raucher" erhalten wir eine vollständig ausgefüllte überschaubare 4-Felder-Tafel. (Die schwarzen Zahlen bedeuten die gegebenen, die blauen die Häufigkeiten, die sich durch Summenbildung in Zeilen und Spalten berechnen lassen.)

	M	$\overline{M}$	
R	0,12	0,16	0,28
$\overline{R}$	0,30	0,42	0,72
	0,42	0,58	1

$$h_{650}(M) = \frac{273}{650} = 0{,}42$$

$$h_{650}(R) = 0{,}28$$

$$h_{650}(M \cap R) = \frac{78}{650} = 0{,}12$$

Die relativen Häufigkeiten anderer Ereignisse, die durch Verknüpfungen aus M, R, $\overline{M}$ und $\overline{R}$ entstehen, lassen sich ebenfalls der Tafel entnehmen, beispielsweise:

$h_{650}(M \cup R) = 0{,}12 + 0{,}30 + 0{,}16 = 0{,}58$ (Mädchen und Raucher zusammen)
$h_{650}(M \cap \overline{R}) = 0{,}30$ (Mädchen, die nicht rauchen)
$h_{650}(\overline{M} \cap R) = 0{,}16$ (Jungen, die rauchen)
$h_{650}(\overline{M} \cap \overline{R}) = 0{,}42$ (Jungen, die nicht rauchen)

Aufgaben

9 Beim Werfen zweier unterschiedlicher Münzen werden folgende Ergebnisse notiert:

Ergebnis	ZZ	ZW	WZ	WW
absolute Häufigkeit	246	254	232	268

a) Berechnen Sie die relative Häufigkeit der Elementarereignisse.

b) Berechnen Sie die relativen Häufigkeiten der Ereignisse:
   A: „verschiedene Symbole"
   B: „gleiche Symbole"
   C: „mindestens einmal Wappen"
   D: „höchstens einmal Wappen"

10 Susanne und Theresa gehen jeden Tag gemeinsam von einem Treffpunkt aus zur Schule. Falls einmal eine von beiden zur ausgemachten Uhrzeit nicht da ist, geht die andere allein zur Schule. Die Mädchen haben 200 Schultage lang Protokoll geführt und dabei folgende Feststellung gemacht:

- An 8 Tagen waren beide unpünktlich.
- Susanne war an 20 Tagen unpünktlich.
- An 16 Tagen war genau eine von beiden unpünktlich.

Drei Ereignisse sollen näher untersucht werden:
Ereignis A: „Beide sind unpünktlich."
Ereignis B: „Susanne ist unpünktlich."
Ereignis C: „Genau eine von beiden ist pünktlich."

a) Geben Sie die relative Häufigkeit der Ereignisse A, B und C an.

Benutzen Sie zur Beantwortung aller folgenden Fragen die Ereignisse
S: „Susanne ist pünktlich", T: „Theresa ist pünktlich",
$\overline{S}$: „Susanne ist unpünktlich" und $\overline{T}$: „Theresa ist unpünktlich."

b) Beschreiben Sie die Ereignisse A, B und C durch Verknüpfungen $\cap$ und $\cup$ der Ereignisse S, T, $\overline{S}$ und $\overline{T}$.

c) Stellen Sie eine 4-Felder-Tafel für die Ereignisse S, T, $\overline{S}$, $\overline{T}$ auf und tragen Sie alle relativen Häufigkeiten ein.

d) Welche relativen Häufigkeiten haben die Ereignisse
   D: „Mindestens eine von beiden ist pünktlich" und
   E: „Höchstens eine von beiden ist pünktlich" ?

2.2 Wahrscheinlichkeiten

In einer mathematischen Erfassung des Zufallsgeschehens ist es notwendig, den verschiedenen Ereignissen Zahlen als Maß der Wahrscheinlichkeit zuzuordnen. Es liegt nahe, die relative Häufigkeit $h_n(E)$ zur Grundlage des Wahrscheinlichkeitsbegriffs zu machen. Dementsprechend definierte Richard von Mises 1919 in seinem Werk „Grundlagen der Wahrscheinlichkeitsrechnung" die Wahrscheinlichkeit $P(E)$ eines Ereignisses E als Grenzwert:

$$P(E) = \lim_{n \to \infty} h_n(E)$$

Die so festgelegte Zahl hat aber den Nachteil, dass sie erst *nach* dem Ausführen einer langen Versuchsserie einigermaßen sicher feststeht. Sie beschreibt die Ereignisse rückwirkend und heißt deshalb auch *statistische Wahrscheinlichkeit.*
Bereits 100 Jahre früher, im Jahre 1812, fasste LAPLACE die Arbeiten seiner Vorgänger FERMAT, PASCAL, HUYGENS und BERNOULLI zu einem *klassischen Wahrscheinlichkeitsbegriff* zusammen. Er definierte die Wahrscheinlichkeit eines Ereignisses E als den Quotienten aus der Anzahl der für E günstigen Ergebnisse und der Anzahl aller möglichen Ergebnisse, allerdings unter der Voraussetzung, dass alle Ergebnisse „gleichwahrscheinlich" sind. Diese klassische Wahrscheinlichkeit von LAPLACE wird ohne Auswertung einer Versuchsreihe allein durch logische Schlüsse gewonnen.

Die Schwierigkeit bei den Versuchen, die Wahrscheinlichkeit zu definieren, lag darin, dass man die Wahrscheinlichkeit durch eine *explizite* Darstellung, also durch einen mathematischen Term oder eine Formel inhaltlich erfassen wollte. In der modernen Mathematik begründet man eine Theorie durch sogenannte *Axiome,* das sind Vereinbarungen oder Festlegungen, die die Theorie vollständig und widerspruchsfrei beschreiben.

Ein solches Axiomensystem der Wahrscheinlichkeitsrechnung gelang 1933 dem russischen Mathematiker KOLMOGOROW. Er geht dabei von einer Funktion P aus, die jedem Ereignis $E \subset \Omega$ eine reelle Zahl $P(E)$ zuordnet: $P: E \to P(E)$

Definition

Die Funktion P heißt **Wahrscheinlichkeitsverteilung** des Ergebnisraums Ω, wenn sie die folgenden Axiome erfüllt:

Axiom 1: $P(E) \geqq 0$ für jedes Ereignis $E \subset \Omega$
Axiom 2: $P(\Omega) = 1$
Axiom 3: Für zwei *unvereinbare* Ereignisse A und B gilt:
$P(A \cup B) = P(A) + P(B)$

Aus diesen Axiomen lassen sich, ähnlich wie für die relativen Häufigkeiten, wichtige Folgerungen ziehen:

Eigenschaften der Wahrscheinlichkeit

1. $0 \leqq P(E) \leqq 1$
   Die Wahrscheinlichkeit eines beliebigen Ereignisses ist immer eine reelle Zahl zwischen 0 und 1.
2. $P(\{\ \}) = 0$
   Die Wahrscheinlichkeit des unmöglichen Ereignisses ist null.
3. $P(\Omega) = 1$
   Die Wahrscheinlichkeit des sicheren Ereignisses, also des gesamten Ergebnisraums, ist 1.

4. $P(\overline{E}) = 1 - P(E)$
   Die Wahrscheinlichkeiten eines Ereignisses und seines Gegenereignisses ergänzen sich zur Zahl 1.

5. Sehr wichtig für die Praxis ist die Berechnung der Wahrscheinlichkeit eines beliebigen Ereignisses mit Axiom 3, also mit $P(A \cup B) = P(A) + P(B)$:
   Da ein Ereignis E immer aus unvereinbaren Elementarereignissen $\{\omega_1\}$, $\{\omega_2\}$, …, $\{\omega_k\}$ besteht, gilt für seine Wahrscheinlichkeit:

   $$P(E) = P(\{\omega_1\}) + P(\{\omega_2\}) + \ldots + P(\{\omega_k\})$$

Ein Vergleich mit den Eigenschaften der relativen Häufigkeiten in Abschnitt 2.1 zeigt, dass relative Häufigkeiten und Wahrscheinlichkeiten dieselben mathematischen Eigenschaften aufweisen und denselben Rechengesetzen unterliegen. Eine 4- oder 8-Felder-Tafel darf daher auch für die Berechnung von Wahrscheinlichkeiten benutzt werden.

Die *Wahrscheinlichkeiten* der Elementarereignisse $\{\omega_1\}$, $\{\omega_2\}$, …, $\{\omega_k\}$ selbst können wir allerdings mit den KOLMOGOROW-Axiomen nicht berechnen. Diese lassen sich nur als statistische Näherungswerte aus der relativen Häufigkeit bei sehr vielen Versuchen ermitteln.
Beispielsweise hat sich die Wahrscheinlichkeit einer Knabengeburt in der Bundesrepublik Deutschland über lange Zeit hinweg beim Wert 0,514 eingependelt.

Bei vielen Zufallsexperimenten können wir aber die Wahrscheinlichkeit der einzelnen Elementarereignisse sofort angeben, da diese entweder alle gleichwahrscheinlich sind oder eine durch die Versuchsanordnung bedingte Wahrscheinlichkeitsverteilung besitzen.

Die Summe der Wahrscheinlichkeiten der Elementarereignisse muss dabei nach KOLMOGOROW stets den Wert 1 ergeben.
In den folgenden Beispielen soll dies erläutert werden.

Beispiel

Beispiel 1:
Zwei Münzen werden gleichzeitig geworfen.

Fall a) Die Münzen sind unterscheidbar.

Die Ergebnisse heißen dann abgekürzt WW, WZ, ZW und ZZ.
$\Omega = \{WW, WZ, ZW, ZZ\}$

Wenn wir annehmen, dass die Chancen für Wappen und Zahl gleich hoch sind, gilt die Gleichwahrscheinlichkeit auch für die 4 Elementarereignisse:

$$P(\{WW\}) = P(\{WZ\}) = P(\{ZW\}) = P(\{ZZ\}) = \frac{1}{4}$$

Für das Ereignis E: „Beide Symbole sind gleich“ errechnen wir aus der Folgerung 5 der Kolmogorow-Axiome seine Wahrscheinlichkeit:

$$P(E) = P(\{WW, ZZ\}) = P(\{WW\}) + P(\{ZZ\}) = \frac{1}{4} + \frac{1}{4} = \frac{1}{2}$$

Fall b) Die Münzen sind nicht unterscheidbar.

In diesem Fall erhalten wir nur die 3 Ergebnisse WW, WZ und ZZ, da ZW das gleiche Ergebnis wie WZ ist.
$\Omega = \{WW, WZ, ZZ\}$

Die Wahrscheinlichkeiten für die 3 Elementarereignisse lauten dann:

$$P(\{WW\}) = P(\{ZZ\}) = \frac{1}{4}\,; \quad P(\{WZ\}) = \frac{1}{2}$$

(WZ tritt ja doppelt so häufig auf wie WW oder ZZ, da die eine Münze Wappen und die andere Zahl zeigen kann, dies aber auch umgekehrt eintreten kann.)

Für das Ereignis E: „Mindestens einmal Wappen“ errechnet man wiederum mit der Folgerung 5:

$$P(\{WZ, WW\}) = P(\{WZ\}) + P(\{WW\}) = \frac{1}{2} + \frac{1}{4} = \frac{3}{4}$$

Beispiel

Beispiel 2:
Ein Glücksrad mit 4 Sektoren a, b, c und d wird gedreht. Die Sektoren können je nach dem Wert des Gewinns unterschiedlich groß sein. Der Ergebnisraum besteht dann also aus den 4 Ergebnissen a, b, c und d, je nachdem, in welchen Sektor der Pfeil nach dem Stillstand der Scheibe zeigt. Die Konstruktion des Glücksrads verhindert einen Stillstand auf einer Trennungslinie.
Der Ergebnisraum ist daher $\Omega = \{a, b, c, d\}$ und die Wahrscheinlichkeiten der 4 Elementarereignisse sind entsprechend den Sektorgrößen verteilt:

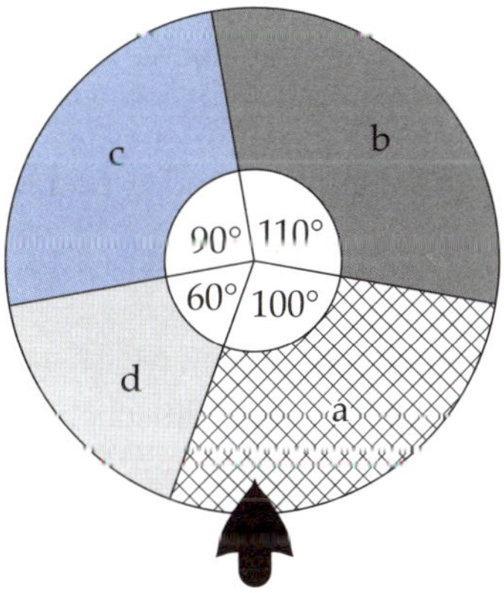

$$P(\{a\}) = \frac{100}{360} = 0{,}28\,; \quad P(\{b\}) = \frac{110}{360} = 0{,}31\,; \quad P(\{c\}) = \frac{90}{360} = 0{,}25\,;$$

$$P(\{d\}) = \frac{60}{360} = 0{,}16$$

Die Summe der Wahrscheinlichkeiten der 4 Elementarereignisse ergibt den Wert 1.

Der höchste Gewinn wird im Sektor d erzielt, der zweithöchste im Sektor c. Die Wahrscheinlichkeit, einen der beiden Gewinne mit dem Glücksrad zu erreichen, beträgt damit $P(\{c, d\}) = P(\{c\}) + P(\{d\}) = 0{,}25 + 0{,}16 = 0{,}41$, was 41 % entspricht.

Beispiel

Beispiel 3:
Aus einer Urne mit 4 roten, 3 schwarzen und 2 weißen Kugeln wird eine Kugel gezogen. Der Ergebnisraum ist $\Omega = \{\text{rot, schwarz, weiß}\}$. Die Wahrscheinlichkeiten der 3 Elementarereignisse sind wie beim Glücksrad entsprechend ihrer Anzahl in der Urne verteilt.

Von den 9 Kugeln in der Urne sind 4 rot, 3 schwarz und 2 weiß. Die Wahrscheinlichkeit, eine rote Kugel zu ziehen, beträgt daher $\frac{4}{9}$, eine schwarze zu ziehen $\frac{3}{9}$ und schließlich eine weiße Kugel zu ziehen $\frac{2}{9}$.

Die Wahrscheinlichkeiten der einzelnen Elementarereignisse lauten also:
$P(\{r\}) = \frac{4}{9}$; $P(\{s\}) = \frac{3}{9}$; $P(\{w\}) = \frac{2}{9}$

Wie groß ist nun die Wahrscheinlichkeit, eine rote oder eine weiße Kugel zu ziehen?
$P(\{r, w\}) = P(\{r\}) + P(\{w\}) = \frac{4}{9} + \frac{2}{9} = \frac{6}{9} = \frac{2}{3} = 0{,}67$

Eine wichtige Bemerkung

Im 3. Axiom von KOLMOGOROW wird nur eine Aussage über zwei *unvereinbare* Ereignisse gemacht. Wir erinnern uns: Sind zwei Ereigniss A und B unvereinbar, dann gilt: $P(A \cup B) = P(A) + P(B)$

Wir behaupten: Sind A und B *vereinbar,* dann gilt:

$$P(A \cup B) = P(A) + P(B) - P(A \cap B)$$

Wir haben gesehen, dass relative Häufigkeiten und Wahrscheinlichkeiten denselben mathematischen Rechenregeln unterliegen, die den Axiomen von KOLMOGOROW genügen.
Dementsprechend können wir die Mehrfeldertafeln, die früher für die Berechnung von relativen Häufigkeiten gute Dienste geleistet haben, nun auch für Wahrscheinlichkeiten heranziehen.
Die Richtigkeit der obigen Gleichung kann mithilfe einer 4-Felder-Tafel gezeigt werden:

Lösung

	A	$\overline{A}$	
B	$P(A \cap B)$	$P(\overline{A} \cap B)$	$P(B)$
$\overline{B}$	$P(A \cap \overline{B})$	$P(\overline{A} \cap \overline{B})$	$P(\overline{B})$
	$P(A)$	$P(\overline{A})$	1

	A	$\overline{A}$	
B	0,16	0,22	0,38
$\overline{B}$	0,09	0,53	0,62
	0,25	0,75	1

(Zahlenbeispiel)

Aufgaben

11 Von zwei Ereignissen A und B ist bekannt: $P(\text{A}) = \frac{1}{5}$; $P(\text{B}) = \frac{2}{3}$; $P(\text{A} \cap \text{B}) = \frac{1}{6}$

Erstellen Sie eine 4-Felder-Tafel mit den Ereignissen A, B, $\overline{\text{A}}$ und $\overline{\text{B}}$ und füllen Sie sämtliche Felder mit den entsprechenden Wahrscheinlichkeitswerten aus! Berechnen Sie dann die Wahrscheinlichkeiten:

a) $P(\text{A} \cup \text{B})$ b) $P(\text{A} \cap \overline{\text{B}})$ c) $P(\overline{\text{A}} \cup \text{B})$ d) $P(\overline{\text{A}} \cup \overline{\text{B}})$

12 Ein Glücksrad hat 4 gleich große Sektoren mit den Ziffern 1, 2, 3, 4. Das Rad wird zweimal gedreht und das Ergebnis als zweistellige Zahl angegeben, wobei die zuerst gewonnene Ziffer die Zehnerstelle und die zweite gewonnene Ziffer die Einerstelle liefert (vergleiche Aufgabe 5).
Geben Sie Ω an und berechnen Sie die Wahrscheinlichkeit der folgenden Ereignisse:

A: „Die Zahl ist ungerade."
B: „Die Quersumme der Zahl ist 4."
C: „Die Zahl ist kleiner als 30."
D: „Die Zahl ist größer als 20."

Die nächste Aufgabe erfordert gute Kenntnisse im Umgang mit der 4-Felder-Tafel. Schauen Sie sich zu diesem Zweck nochmals die Merkregel für ganz bestimmte Sprechweisen am Ende von Abschnitt 1.7 an.

13 Herr Müller fährt jeden Morgen mit dem Auto zu seiner Arbeitsstelle. Er muss zwei kritische Verkehrspunkte passieren: Am Goetheplatz ist ein Stau mit 8 %, in der Königsstraße mit 14 % Wahrscheinlichkeit zu erwarten. Jeder Stau kostet 10 Minuten. Falls Herr Müller zu spät kommt, arbeitet er die fehlende Zeit abends herein.

Folgende Ereignisse werden definiert:
G: „Stau am Goetheplatz"
K: „Stau in der Königsstraße"
A: „Herr Müller fährt pünktlich nach Hause."
B: „Herr Müller kommt genau 10 Minuten zu spät."
C: „Herr Müller muss 20 Minuten später nach Hause fahren."

a) Geben Sie die Ereignisse A, B und C als Vereinigung oder Schnitt der Ereignisse G, $\overline{\text{G}}$, K, $\overline{\text{K}}$ an.

b) C ist das Ereignis, dass Herr Müller 20 Minuten später nach Hause fahren kann, er geriet also in beide Staus. Zwischen welchen Zahlenwerten bewegt sich die Wahrscheinlichkeit $P(\text{C})$?

Anleitung:
Zeichnen Sie eine 4-Felder-Tafel mit den Ereignissen G, $\overline{\text{G}}$, K und $\overline{\text{K}}$ und bezeichnen Sie die unbekannte Wahrscheinlichkeit $P(\text{C})$ mit x!

c) In welchen Zahlenintervallen liegen die Wahrscheinlichkeiten $P(\text{A})$ und $P(\text{B})$?

2.3 Mehrstufige Zufallsexperimente

In Aufgabe 12 wird das Glücksrad zweimal gedreht. Die Ergebnisse dieses Zufallsexperiments stehen deshalb erst nach zwei Versuchen fest. Es gibt also Zufallsexperimente, bei denen man mehrere Einzelversuche durchführen muss, um ein Ergebnis zu erhalten. Dafür gibt es viele weitere Beispiele:

- Man wirft einen Würfel dreimal nacheinander. Ein Ergebnis heißt dann etwa (4, 1, 6).
- Man zieht aus einem verdeckten Kartenspiel vier Karten. Ein mögliches Ergebnis wäre vielleicht (Bube, Acht, Fünf, Ass).
- Man greift aus einer Urne nacheinander zwei Kugeln. Hier könnte das Ergebnis (rot, weiß) lauten.

In allen diesen Beispielen besteht das Zufallsexperiment aus mehreren Versuchen, deren Einzelergebnisse jeweils ein Ergebnis des Zufallsexperiments bilden. Man spricht in dem Fall von **mehrstufigen Zufallsexperimenten**.

Beispiel

Beispiel 1:
Aus einer Urne mit 4 roten, 3 schwarzen und 2 weißen Kugeln (zusammen 9 Kugeln) werden nacheinander 2 Kugeln *ohne* Zurücklegen der ersten Kugel gezogen.
Wie sieht die Wahrscheinlichkeitsverteilung des Ergebnisraums aus?

Als Erstes muss der Ergebnisraum aufgebaut werden. Jedes Ergebnis ist ein Paar zweier Farben, geordnet nach der Reihenfolge des Ziehens, etwa (r, s), (w, r), (s, s) usw. Wir erhalten den Ergebnisraum:
$\Omega = \{(\text{r, r}), (\text{r, s}), (\text{r, w}), (\text{s, r}), (\text{s, s}), (\text{s, w}), (\text{w, r}), (\text{w, s}), (\text{w, w})\}$
Da eine Verwechslung mit anderen Paaren ausgeschlossen ist, kann man Ω auch kürzer schreiben:
$\Omega = \{\text{rr, rs, rw, sr, ss, sw, wr, ws, ww}\}$

In einem *Baumdiagramm*, das Sie ausführlich in der Mentor Lernhilfe ML 621 „Algebra 2, 7./8. Klasse", Kapitel E dargestellt finden, werden wir die Ergebnisse dieses zweistufigen Experiments aufzeichnen. Man zerlegt dazu das Baumdiagramm in seine Stufen (hier 2) und notiert die Teilergebnisse r, s oder w in jeder Stufe. In der 1. Stufe erhalten wir eine Verzweigung in die 3 Zweige r, s und w, ebenso in der 2. Stufe. Die Wahrscheinlichkeiten für das Eintreten der Elementarereignisse {r}, {s} und {w} schreiben wir in jeder Stufe neben den entsprechenden Zweig:

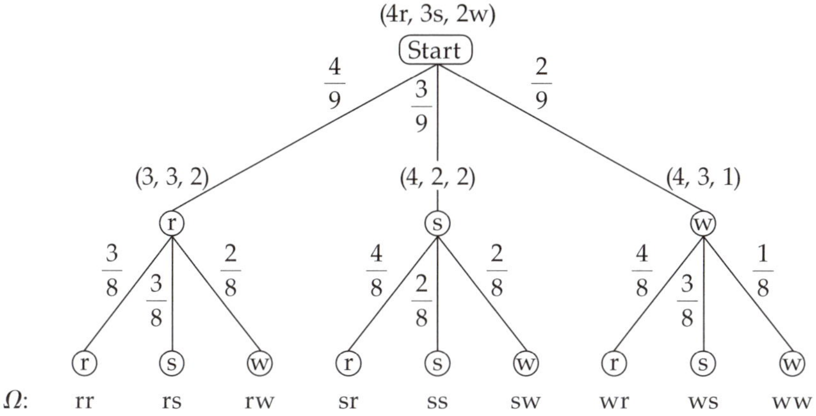

Sehen wir die Wahrscheinlichkeiten an, die aus einer beliebigen Verzweigung hervorgehen, erkennen wir, dass ihre Summe gleich 1 ist. Beispielsweise gilt für die oberste Verzweigung $\frac{4}{9} + \frac{3}{9} + \frac{2}{9} = 1$.

Entsprechendes gilt in der 2. Stufe für die drei unteren Verzweigungen.

Die Summe der Wahrscheinlichkeiten auf den Ästen, die von *einem* Verzweigungspunkt ausgehen, ist stets gleich 1.

Merke!

Die Wahrscheinlichkeit, beim ersten Zug eine rote Kugel zu ziehen, beträgt in unserem Beispiel $\frac{4}{9} = 44{,}4\,\%$. Beim zweiten Zug beträgt sie $\frac{3}{8} = 37{,}5\,\%$.

Die Wahrscheinlichkeit, dass zwei rote Kugeln nacheinander gezogen werden, beträgt 37,5 % von den 44,4 % der ersten Stufe, was dem Produkt $0{,}444 \cdot 0{,}375$ bzw. $\frac{4}{9} \cdot \frac{3}{8} = \frac{12}{72}$ entspricht.

Die Wahrscheinlichkeit des Elementarereignisses {rr} ist also $\frac{12}{72} = \frac{1}{6}$.

Analog berechnen wir die Wahrscheinlichkeiten der übrigen Elementarereignisse:

$P(\{rs\}) = \frac{4}{9} \cdot \frac{3}{8} = \frac{12}{72} = \frac{1}{6}$; $P(\{rw\}) = \frac{4}{9} \cdot \frac{2}{8} = \frac{8}{72} = \frac{1}{9}$ usw. (Überprüfen Sie die Tabelle!)

ω	rr	rs	rw	sr	ss	sw	wr	ws	ww
$P(\{\omega\})$	$\frac{1}{6}$	$\frac{1}{6}$	$\frac{1}{9}$	$\frac{1}{6}$	$\frac{1}{12}$	$\frac{1}{12}$	$\frac{1}{9}$	$\frac{1}{12}$	$\frac{1}{36}$

Diese Überlegungen und Ergebnisse führen uns zur:

Regel

1. Pfadregel

Die Wahrscheinlichkeit eines *Elementarereignisses* ist gleich dem Produkt der Wahrscheinlichkeiten des zugehörigen Pfades.

Bei mehrstufigen Experimenten erfordert es oft einen nicht unerheblichen Aufwand, einen kompletten Baum zu zeichnen. Oft ist aber nur ein bestimmter Pfad des Baumes von Interesse. Beispielsweise könnte man im vorigen Urnenbeispiel fragen: Welche Wahrscheinlichkeit hat das Elementarereignis {wrsrw} beim 5-maligen Ziehen einer Kugel ohne Zurücklegen? Wir zeichnen daher nur den Pfad, der über die angegebenen fünf Stationen führt:

(4r, 3s, 2w) (4, 3, 1) (3, 3, 1) (3, 2, 1) (2, 2, 1)

Start — w — r — s — r — w

Die 1. Pfadregel liefert dann das gewünschte Ergebnis:

$$P(\{\text{wrsrw}\}) = \frac{2}{9} \cdot \frac{4}{8} \cdot \frac{3}{7} \cdot \frac{3}{6} \cdot \frac{1}{5} = \frac{72}{15120} = 0{,}0048$$

Eine schöne, wenn auch nicht einfache Anwendung der 1. Pfadregel ist die sogenannte **Mindestensaufgabe**. In ihr kommt dreimal das Wort *mindestens* vor, gelegentlich liest man auch *wenigstens* oder *mehr als*.

Der Grundgedanke der Mindestensaufgaben lautet:

Wie oft mindestens muss ich einen Einzelversuch eines mehrstufigen Zufallsexperiments durchführen, damit ich mit einer vorgegebenen Mindestwahrscheinlichkeit mindestens einmal ein bestimmtes Ergebnis erziele?

Hört sich ziemlich verwirrend an! Wir wollen es an einem einfachen Beispiel erklären:

Beispiel

Beispiel 2:
Wie oft muss man *mindestens* aus einem gut gemischten Skatspiel eine Karte mit Zurücklegen ziehen, damit man mit *mindestens* 95 % Wahrscheinlichkeit *mindestens* einmal einen Buben zieht?

Wir nennen das Ereignis E, wenn man mindestens einen Buben bei n Versuchen bekommt, und $\overline{E}$ (Gegenereignis von E), wenn man bei n Versuchen keinen Buben zieht.
Für die Wahrscheinlichkeiten dieser Ereignisse gilt dann: $P(E) \geqq 0{,}95$

$$\Rightarrow \quad 1 - P(\overline{E}) \geqq 0{,}95$$

Nun enthält bekanntlich ein Skatspiel außer 4 Buben noch 28 andere Karten; die Wahrscheinlichkeit, bei einem beliebigen Zug *keinen* Buben zu bekommen, beträgt also $\frac{28}{32}$. Soll dieses Gegenereignis $\overline{E}$ (bei n Ziehungen nacheinander) eintreten, ist die Wahrscheinlichkeit dafür gemäß der 1. Pfadregel $P(\overline{E}) = \left(\frac{28}{32}\right)^n$.

Wir erhalten somit die Ungleichung $1 - \left(\frac{28}{32}\right)^n \geqq 0{,}95$, deren Lösung n wir bestimmen müssen:

$$1 - \left(\frac{28}{32}\right)^n \geqq 0{,}95$$

$$\Rightarrow \quad \left(\frac{28}{32}\right)^n \leqq 0{,}05$$

Man logarithmiert beide Seiten mit dem Zehnerlogarithmus und erhält:

$$n \cdot \lg\left(\frac{28}{32}\right) \leqq \lg 0{,}05$$

$$\Rightarrow \quad n \geqq \frac{\lg 0{,}05}{\lg\left(\frac{28}{32}\right)} \qquad \text{(Vorzeichenwechsel!)}$$

$$\Rightarrow \quad n \geqq 22{,}4\ldots$$

Es sind also mindestens 23 Versuche nötig, damit man mit mindestens 95 % Wahrscheinlichkeit mindestens einen Buben zieht.

Man darf jetzt daraus nicht den (falschen) Schluss ziehen, dass der 23. Zug einen Buben enthält, auch nicht bei einer 95 %igen Wahrscheinlichkeit. Vielmehr ist gemeint, dass sich unter den gezogenen 23 Karten mindestens ein Bube befindet, und zwar mit mehr als 95 %iger Sicherheit.

Diese Mindestensaufgaben laufen immer nach demselben Muster ab:

„Mindestens einmal" ist genau das Gegenteil von „kein Mal", deshalb wird statt des gefragten Ereignisses E immer das Gegenereignis $\overline{E}$ mit seiner einfach bestimmbaren Wahrscheinlichkeit p^n (nach n Versuchen) herangezogen (a: Mindestwahrscheinlichkeit):

Mindestens-Aufgabe

$$P(E) \geqq a \quad \Rightarrow \quad 1 - P(\overline{E}) \geqq a \quad \Rightarrow \quad 1 - p^n \geqq a$$

Dieser Ausdruck wird nach n gelöst, indem man beide Seiten der Ungleichung logarithmiert.

Aufgaben

14 Aus einer Urne mit 5 blauen, 3 grünen und 6 schwarzen Kugeln werden nacheinander 4 Kugeln ohne Zurücklegen gezogen.
Wie groß ist die Wahrscheinlichkeit für die Zugfolge grün-blau-schwarz-blau?

15 Markus wirf einen Würfel zweimal.

a) Geben Sie einen geeigneten Ergebnisraum an.
b) Mit welcher Wahrscheinlichkeit erhält er eine Doppelsechs?
c) Wie viele Versuche muss er mindestens machen, um mit mindestens 93 % Wahrscheinlichkeit mindestens eine Doppelsechs zu würfeln?

16 Kevin geht oft mit Freunden zum Kegeln. Seine Wahrscheinlichkeit, „alle neune" zu treffen, liegt bei 25 %. Da Kegeln durstig macht, trinkt Kevin gern ein Glas Bier. Dadurch verringert sich seine Treffsicherheit für „alle neune" bei den folgenden Würfen um $\frac{1}{3}$ pro Glas Bier.

a) Wie groß ist die Wahrscheinlichkeit, fünfmal „alle neune" zu treffen, wenn er nach dem 3. und 4. Wurf ein Bier trinkt?

b) Mit welcher Wahrscheinlichkeit erzielt er bei 4 Würfen mindestens einmal „alle neune", wenn er nur nach dem 2. Wurf ein Bier trinkt?

c) Wie oft muss Kevin mindestens kegeln, wenn er nur Mineralwasser trinkt und mit mindestens 95 % Wahrscheinlichkeit mindestens einmal „alle neune" treffen will?

In der Folgerung 5 aus den KOLMOGOROW-Axiomen hatten wir herausgefunden, dass für die Wahrscheinlichkeit eines beliebigen Ereignisses $E = \{\omega_1, \omega_2, \ldots, \omega_k\}$ gilt:

$$P(E) = P(\{\omega_1\}) + P(\{\omega_2\}) + \ldots + P(\{\omega_k\})$$

Nachdem in der 1. Pfadregel die Wahrscheinlichkeiten der einzelnen Elementarereignisse, also $P(\{\omega_1\}), P(\{\omega_2\}), \ldots, P(\{\omega_k\})$, ermittelt wurden, müssen diese nur noch addiert werden. Die Summe dieser Wahrscheinlichkeiten ergibt dann die Wahrscheinlichkeit des Ereignisses E.
Damit formulieren wir eine weitere Pfadregel:

Regel

2. Pfadregel

Die Wahrscheinlichkeit eines *Ereignisses* ist gleich der Summe der Wahrscheinlichkeiten aller Pfade, die zu diesem Ereignis führen.

Nehmen wir uns noch einmal das Beispiel 1 aus diesem Abschnitt mit den 4 roten, 3 schwarzen und 2 weißen Kugeln in der Urne vor!
In einer Tabelle hatten wir die Wahrscheinlichkeiten aller Elementarereignisse beim zweimaligen Ziehen ohne Zurücklegen aufgelistet. Mit der 2. Pfadregel können wir nun die Wahrscheinlichkeiten beliebiger Ereignisse

dieses Zufallsexperiments bestimmen. (Benutzen Sie dazu die Ergebnistabelle, die wir im Anschluss an dieses Beispiel aufgestellt hatten.)

Ereignis A: „Beide Kugeln sind gleichfarbig.“

$$P(A) = P(\{rr, ss, ww\})$$
$$= P(\{rr\}) + P(\{ss\}) + P(\{ww\})$$
$$= \frac{1}{6} + \frac{1}{12} + \frac{1}{36} = \frac{10}{36}$$

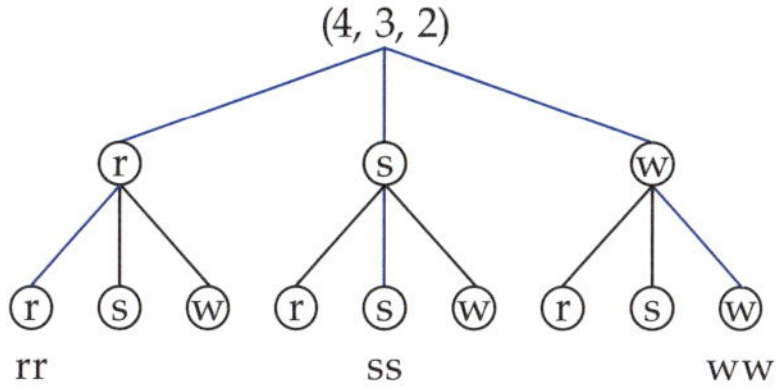

Ereignis B: „Genau eine der Kugeln ist weiß.“

$$P(B) = P(\{rw, sw, wr, ws\})$$
$$= P(\{rw\}) + P(\{sw\}) + P(\{wr\}) +$$
$$+ P(\{ws\})$$
$$= \frac{1}{9} + \frac{1}{12} + \frac{1}{9} + \frac{1}{12} = \frac{14}{36}$$

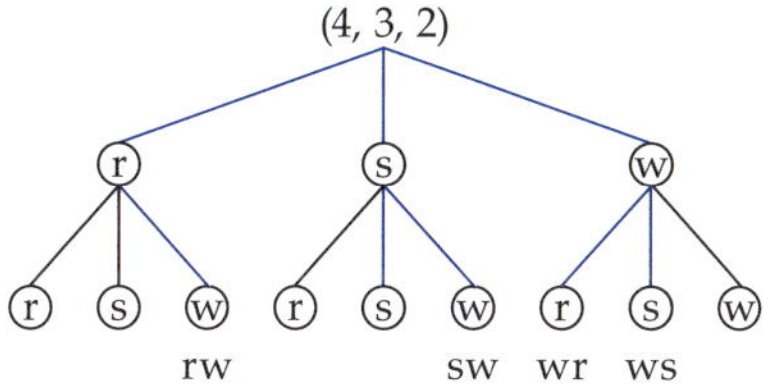

Ereignis C: „Keine der beiden Kugeln ist schwarz.“

$$P(C) = P(\{rr, ww, rw, wr\})$$
$$= P(\{rr\}) + P(\{ww\}) + P(\{rw\}) +$$
$$+ P(\{wr\})$$
$$= \frac{1}{6} + \frac{1}{36} + \frac{1}{9} + \frac{1}{9} = \frac{15}{36}$$

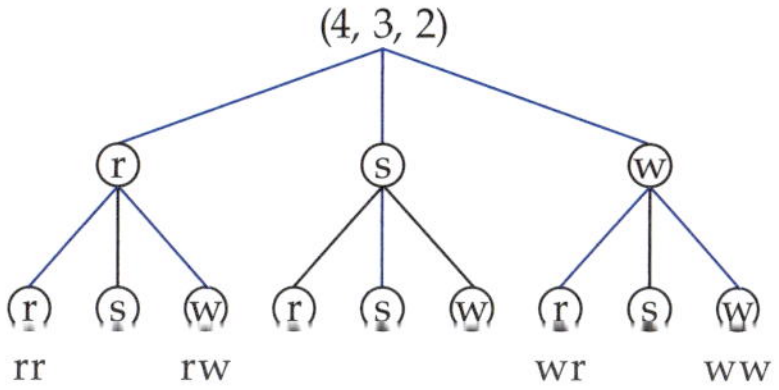

Beachten Sie den Unterschied zwischen den beiden Pfadregeln!

Merke!

Mit der 1. Pfadregel berechnen Sie nur die Wahrscheinlichkeit eines einzelnen *Elementarereignisses*, während Sie mit der 2. Pfadregel durch Addieren die Wahrscheinlichkeit eines beliebigen *Ereignisses* berechnen.

Aufgaben

17 Eine Firma beschäftigt 60 % Männer und 40 % Frauen. 75 % der Männer und 35 % der Frauen rauchen. Einer der Beschäftigten dieser Firma wird zufällig ausgewählt. Beantworten Sie die folgenden Fragen sowohl mit einer 4-Felder-Tafel als auch mit einem Baumdiagramm.
Wie groß ist die Wahrscheinlichkeit, dass

a) die ausgewählte Person ein männlicher Raucher ist?

b) die ausgewählte Person raucht?

18 In einer Urne liegen 3 blaue, 6 gelbe und 1 rote Kugel. Man greift nacheinander 2 Kugeln heraus, ohne die erste Kugel zurückzulegen.

a) Geben Sie den Ergebnisraum an.

b) Zeichnen Sie ein Baumdiagramm mit allen Pfaden.

c) Berechnen Sie die Wahrscheinlichkeit folgender Ereignisse:
A: „Die 1. Kugel ist rot, die 2. Kugel ist blau."
B: „Keine der beiden Kugeln ist gelb."
C: „Beide Kugeln sind von gleicher Farbe."
D: „Eine Kugel ist blau, die andere ist gelb."
E: „Die 2. Kugel ist rot."

3 Laplace-Experimente

Wir wollen uns im Folgenden mit den Zufallsexperimenten befassen, bei denen alle Ergebnisse eines Ergebnisraums die gleiche Wahrscheinlichkeit besitzen. Diese Zufallsexperimente nennt man bekanntlich Laplace-Experimente, wir haben einige davon schon in Abschnitt 1.3 kennengelernt.

Ein Zufallsexperiment heißt **Laplace-Experiment**, wenn alle Elementarereignisse des Ergebnisraums die gleiche Wahrscheinlichkeit besitzen.

Definition

Man kann sich leicht vorstellen, dass Zufallsexperimente, deren Elementarereignisse alle die *gleiche* Wahrscheinlichkeit besitzen, am einfachsten zu handhaben sind, insbesondere was die Berechnung der Wahrscheinlichkeiten von beliebig ausgewählten Ereignissen angeht.
Neben den Laplace-Experimenten gibt es eine Reihe von Zufallsexperimenten, die eine *nichtkonstante* Wahrscheinlichkeitsverteilung aufweisen, etwa die hypergeometrische Verteilung, die Binomialverteilung, die Normalverteilung oder die Poisson-Verteilung.
Mit den beiden zuerst Genannten werden wir uns später noch ausführlich beschäftigen, die Normalverteilung und die Poisson-Verteilung dagegen gehören in den Leistungskurs Stochastik.

Bei dem Würfelexperiment aus Abschnitt 1.3 mit einem idealen Würfel (auch Laplace-Würfel oder kurz L-Würfel genannt) besteht der Ergebnisraum aus den Ergebnissen 1, 2, 3, 4, 5, 6 . Da alle sechs Ergebnisse gleichwahrscheinlich sind und die Summe aller Wahrscheinlichkeiten 1 ergibt, muss die Wahrscheinlichkeit irgendeiner beliebigen Augenzahl aus den sechs möglichen Augenzahlen genau $\frac{1}{6}$ betragen.

In analoger Weise behandeln wir ein LAPLACE-Experiment mit einem Ergebnisraum, der aus den n Ergebnissen $\omega_1, \omega_2, \ldots, \omega_n$ besteht, die wiederum alle gleichwahrscheinlich sein sollen. In diesem Fall besitzt jedes Ergebnis die Wahrscheinlichkeit:

$$P(\{\omega_i\}) = \frac{1}{n} \quad \text{für } i = 1, 2, \ldots, n$$

Da die Mächtigkeit von Ω genau n ist, gilt:

$$P(\{\omega_i\}) = \frac{1}{n} = \frac{1}{|\Omega|}$$

Wie lässt sich nun daraus die Wahrscheinlichkeit eines *beliebigen* Ereignisses aus Ω bestimmen?
Auf das Werfen eines LAPLACE-Würfels bezogen könnte die Frage etwa so lauten:
Wie groß ist die Wahrscheinlichkeit, eine gerade Augenzahl zu werfen?

Das Ereignis E: „Augenzahl ist gerade" ist die Teilmenge $\{2, 4, 6\}$ des Ergebnisraums $\Omega = \{1, 2, 3, 4, 5, 6\}$. Nach der 2. Pfadregel ergibt sich für die Wahrscheinlichkeit dieses Ereignisses E:

$$P(E) = \frac{1}{6} + \frac{1}{6} + \frac{1}{6} = \frac{3}{6} = 0{,}5$$

Würde im allgemeinen Fall das Ereignis E (statt 3 Elemente) k Elemente enthalten und Ω (statt 6 Elemente) n Elemente enthalten, so könnten wir die Wahrscheinlichkeit von E in analoger Weise berechnen:

$$P(E) = \underbrace{\frac{1}{n} + \frac{1}{n} + \ldots + \frac{1}{n}}_{k \text{ Summanden}} = \frac{k}{n}$$

Damit erhalten wir den Satz:

Regel

Die Wahrscheinlichkeit eines Ereignisses E eines LAPLACE-Experiments ist gleich dem Quotienten aus den Mächtigkeiten des Ereignisses E und des Ergebnisraums Ω.

$$P(E) = \frac{|E|}{|\Omega|} = \frac{\text{Anzahl der für } E \text{ günstigen Fälle unter den Elementarereignissen}}{\text{Anzahl der möglichen Elementarereignisse}}$$

Auf diese Erkentnis stützte sich bereits 1654 der klassische Wahrscheinlichkeitsbegriff von PIERRE DE FERMAT und BLAISE PASCAL:
„Die Chance für das Eintreten eines Ereignisses ist gleich dem Anteil der günstigen zu den möglichen Fällen."

Merke!

Bei LAPLACE-Experimenten müssen immer zuerst die Mächtigkeiten des Ergebnisraums Ω und des Ereignisses E, also die Anzahl der Elemente von Ω und E, bestimmt werden!

In den folgenden Beispielen scheint diese Forderung einfach und selbstverständlich zu sein, denn die Wahrscheinlichkeiten der betreffenden Ereignisse lassen sich leicht durch *Abzählen* der Mengen Ω und E und Anwenden des obigen Satzes berechnen.
Bei Mengen mit sehr vielen Elementen dagegen ist das Abzählen eine mühsame und langwierige Arbeit. Es muss daher im nächsten Abschnitt durch kombinatorische Hilfsmittel ersetzt werden.

Beispiel

Beispiel 1:
Zweimaliges Werfen eines LAPLACE-Würfels

Wirft man einen LAPLACE-Würfel zweimal nacheinander, erhält man als Ergebnis dieses Zufallsexperiments ein Zahlenpaar, etwa (3, 5) oder kürzer 3 5. Dabei ist, wie schon in Abschnitt 1.4, die Zahl 3 die zuerst gewürfelte Augenzahl und die Zahl 5 die danach gewürfelte Augenzahl.
Der Ergebnisraum besteht also aus lauter Zahlenpaaren, die aus den Zahlen 1 bis 6 gebildet werden können:

$$\Omega = \{1\,1, 1\,2, 1\,3, 1\,4, 1\,5, 1\,6, 2\,1, 2\,2, 2\,3, 2\,4, 2\,5, 2\,6, 3\,1, 3\,2, 3\,3, 3\,4, 3\,5, 3\,6,\\ 4\,1, 4\,2, 4\,3, 4\,4, 4\,5, 4\,6, 5\,1, 5\,2, 5\,3, 5\,4, 5\,5, 5\,6, 6\,1, 6\,2, 6\,3, 6\,4, 6\,5, 6\,6\}$$

Steht die 1 an erster Stelle, gibt es 6 Paare, steht die 2 an erster Stelle, gibt es wiederum 6 Paare usw.; das sind für alle sechs Augenzahlen zusammen $6 \cdot 6 = 36$ Zahlenpaare.
Die Mächtigkeit des Ergebnisraums beträgt demnach 36: $|\Omega| = 36$

Da jeder Einzelwurf eines LAPLACE-Würfels gleichwahrscheinlich ist, gilt das auch für den Doppelwurf: Alle Ergebnisse, also alle Zahlenpaare, sind gleichwahrscheinlich, wir haben es mit einem LAPLACE-Experiment zu tun. (Das gilt übrigens für alle mehrstufigen Experimente, die mit LAPLACE-Würfeln oder LAPLACE-Münzen durchgeführt werden.)

Wir wollen nun aus diesem Zufallsexperiment ein bestimmtes Ereignis E herausgreifen und seine Wahrscheinlichkeit nach der Formel $P(E) = \frac{|E|}{|\Omega|}$ berechnen.
Betrachten wir beispielsweise das Ereignis E: „Die Summe der beiden Augenzahlen beträgt 8", dann kann man ohne Mühe die für das Ereignis E *günstigen* Ergebnisse aufzählen: $E = \{2\,6, 3\,5, 4\,4, 5\,3, 6\,2\}$
Die Mächtigkeit des Ereignisses E ergibt sich dann durch bloßes Abzählen der Zahlenpaare: $|E| = 5$

Damit haben wir unser erstes Ziel erreicht, nämlich bei einem LAPLACE-Experiment die *Mächtigkeit* von Ergebnisraum und Ereignis zu bestimmen.

Die Frage nach der *Wahrscheinlichkeit* des Ereignisses E lässt sich nun mit der Formel beantworten:

$$P(E) = \frac{|E|}{|\Omega|} = \frac{5}{36} = 0{,}139 = 13{,}9\,\%$$

Beispiel

Beispiel 2:
Ziehen ohne Zurücklegen

Eine Urne enthält 2 weiße und 3 schwarze gleichartige Kugeln. Man greift *gleichzeitig* 2 Kugeln heraus. Wie groß ist die Wahrscheinlichkeit, dass die beiden Kugeln verschiedenfarbig sind?

Im Prinzip gibt es bei den mehrstufigen Zufallsexperimenten immer zwei Lösungsmöglichkeiten:

- Das grafische Baumdiagramm, das wegen des großen Aufwands nur bei wenigen Stufen die Anwendung rechtfertigt, aber dafür keine Gleichwahrscheinlichkeit der Ergebnisse voraussetzt.
- Der rechnerische Weg über die Formel $P(E) = \frac{|E|}{|\Omega|}$, der die Gleichwahrscheinlichkeit der Ergebnisse *fordert*.

Wollen wir das gestellte Problem mit der Formel $P(E) = \frac{|E|}{|\Omega|}$ eines LAPLACE-Experiments lösen, müssen wir den Ergebnisraum Ω so wählen, dass seine Ergebnisse alle gleichwahrscheinlich sind.
Orientiert man sich an der Fragestellung des Beispiels, ist man zu schnell versucht, Ω nur nach der Kugelfarbe zu bemessen, etwa

Ω = {Kugeln sind gleichfarbig, Kugeln sind ungleichfarbig} oder
Ω = {ww, ss, ws} (w: weiße Kugel, s: schwarze Kugel).

Da in der Urne aber mehr schwarze als weiße Kugeln liegen, wären die aufgeführten Ergebnisse sicher *nicht* gleichwahrscheinlich (vgl. Aufgabe 18). Dieser Ergebnisraum wäre daher für die Anwendung als LAPLACE-Experiment unbrauchbar.

Die Gleichwahrscheinlichkeit von Ergebnissen lässt sich hier nur dann erreichen, wenn wir die Kugeln anders als nur durch die Farbe unterscheiden; wir könnten sie zum Beispiel nummerieren, etwa mit w1, w2, s1, s2, s3:

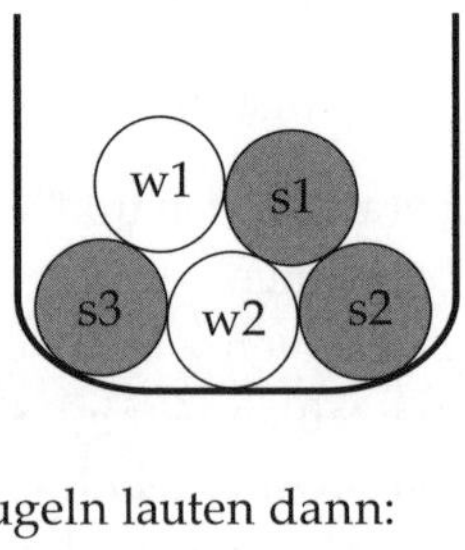

Die Ergebnisse des gleichzeitigen Ziehens von zwei Kugeln lauten dann:
(w1, w2), (w1, s1) usw.
Die Reihenfolge innerhalb des Paares selbst spielt keine Rolle, da beide Kugeln *gleichzeitig* gegriffen werden. (w1, w2) ist also dasselbe Ergebnis wie (w2, w1).

Wir erhalten somit als Ergebnisraum:

Ω = {(w1, w2), (w1, s1), (w1, s2), (w1, s3), (w2, s1), (w2, s2), (w2, s3), (s1, s2), (s1, s3), (s2, s3)}

Das gesuchte Ereignis heißt wie gesagt E: „Die Kugeln sind verschiedenfarbig."
Aus Ω suchen wir nun die verschiedenfarbigen Paare heraus:

E = {(w1, s1), (w1, s2) (w1, s3), (w2, s1), (w2, s2), (w2, s3)}

Das Abzählen von Ω und E liefert $|\Omega| = 10$ und $|E| = 6$.
Damit berechnen wir die Wahrscheinlichkeit des Ereignisses E:

$$P(E) = \frac{|E|}{|\Omega|} = \frac{6}{10} = 0{,}6 = 60\,\%$$

Eine Variante des Beispiels besteht darin, die beiden Kugeln nicht gleichzeitig, sondern *nacheinander* herauszugreifen, ohne die zuerst gezogene Kugel in die Urne zurückzulegen.
Da jetzt die *Reihenfolge* der gezogenen Kugeln von Bedeutung ist, müssen wir die Zahl der Ergebnisse sowohl in Ω als auch in E erhöhen: Zum Ergebnis (w1, w2) kommt (w2, w1) hinzu, zu (w1, s2) kommt (s2, w1) hinzu usw. Die Vertauschung der Elemente innerhalb jeden Paares führt genau zu einer *Verdoppelung* der Ergebnisanzahl.
Wir erhalten jetzt $|E| = 12$ und $|\Omega| = 20$ und mit $P(E) = \frac{12}{20} = 0{,}6$ das gleiche Ergebnis wie vorher.

> Das *gleichzeitige* Herausgreifen von beliebig vielen Kugeln aus einer Urne ist immer gleichbedeutend mit dem Nacheinanderziehen *ohne Zurücklegen.*

Merke!

Dies gilt natürlich nur dann, wenn wir uns für die Reihenfolge beim Nacheinanderziehen nicht interessieren.

19 Eine Urne enthält, wie im Beispiel 2, 2 weiße und 3 schwarze Kugeln. Man greift nacheinander 2 Kugeln *mit* Zurücklegen der ersten Kugel heraus.
Wie groß ist die Wahrscheinlichkeit, dass die beiden Kugeln von gleicher Farbe sind? Lösen Sie die Aufgabe

a) grafisch mit einem Baumdiagramm;
b) rechnerisch, indem Sie ein LAPLACE-Experiment zugrunde legen.

Aufgabe

Die nächste Herausforderung besteht nun darin, Verfahren zum Abzählen schwer überschaubarer Mengen zu entwickeln. Im folgenden Abschnitt werden alle Abzählverfahren mit ihren Zählformeln vorgestellt.

3.1 Kombinatorik

3.1.1 Variationen mit Wiederholung

Viele Radfahrer sichern ihr Fahrrad mit einem Zahlenschloss. Die meisten dieser Schlösser tragen auf 4 Ringen jeweils die Ziffern 0, 1, 2, …, 9. Nur durch die Einstellung einer einzigen Kombination von 4 Ziffern lässt sich das Schloss öffnen.
In der Mathematik nennt man die Zusammenstellung von reellen Zahlen in einer ganz bestimmten Anordnung ein **Tupel** oder eine **Variation mit Wiederholung**. Durch den Zusatz *mit Wiederholung* will man ausdrücken, dass in der angeordneten Zusammenstellung eine Zahl *mehrfach* auftreten darf.

Auf dem Zahlenschloss lassen sich also lauter 4-Variationen mit Wiederholung einstellen, von denen eine einzige, etwa (7, 4, 0, 5), das Schloss öffnet. Will man durch eine zufällig gewählte Einstellung das Schloss öffnen, drängt sich sofort die Frage auf: „Wie viele Einstellungen gibt es denn überhaupt?"
Mit anderen Worten: Wie viele 4-Variationen mit Wiederholung lassen sich aus der Zahlenmenge {0, 1, 2, …, 9} bilden?

Für die erste Ziffer gibt es 10 Möglichkeiten, für die zweite, dritte und vierte Ziffer ebenfalls 10 Möglichkeiten, zusammen $10 \cdot 10 \cdot 10 \cdot 10 = 10^4 = 10000$ Einstellungen.

Für die „Stellenzahl" 4, oder allgemein k, kann man die Bezeichnung *Tupellänge* verwenden, in manchen Zusammenhängen auch *Wortlänge.*

Definition

Eine ***k*-Variation mit Wiederholung** ist eine angeordnete Zusammenstellung von k reellen Zahlen, die alle aus einer Menge mit n verschiedenen reellen Zahlen stammen.

Im Beispiel des Zahlenschlosses ist also $n = 10$ und die Tupellänge $k = 4$, daraus erhalten wir $10^4 = 10000$ Variationen mit Wiederholung.

Allgemein stellen wir fest:

Merke!

Die Anzahl $V_{(mW)}$ aller k-Variationen mit Wiederholung aus einer Menge mit n Elementen beträgt n^k.

Beachten Sie:

Die Tupellänge k der k-Variation ist immer eine natürliche Zahl und von der Anzahl n der verfügbaren Zahlen *unabhängig,* sie kann also durchaus auch größer als n sein.

Wie schon oben betont, sind Wiederholungen von Zahlen zugelassen, so ist zum Beispiel (2, 3, 2, 2, 1) eine 5-Variation mit Wiederholung, ebenso wie (4, 8, 5, 1, 4).
Das Komma zwischen den einzelnen Zahlen kann entfallen, wenn ausschließlich einstellige Zahlen verwendet werden. In diesem Fall kann sogar auf die Klammer verzichtet werden.
Aber Achtung: 4 8 5 1 4 ist etwas anderes als 5 4 8 4 1, obwohl die gleichen Ziffern vorkommen! Es kommt eben auch auf die Reihenfolge an.

Beispiel

Beispiel 1:
Fußballtoto

Die Tippreihe beim Fußballtoto ist eine 11-Variation mit Wiederholung aus der Menge {0, 1, 2}.
$k = 11$ ist also größer als $n = 3$ und eine Tippreihe könnte zum Beispiel so aussehen: 1 0 1 2 0 1 1 2 1 0 2

Rein theoretisch gibt es daher $3^{11} = 177147$ Möglichkeiten, eine Tippreihe mit ihren 11 Spielen anzukreuzen.
(Anmerkung für die Fußballverächter: 0 steht für „unentschieden", 1 für „Heimmannschaft gewinnt" und 2 für „Gastmannschaft gewinnt".)

Beispiel

Beispiel 2:
Lochkartencodierung

Eine Lochkarte enthält 8 Felder, jedes Feld kann entweder gelocht werden oder ungelocht bleiben. Damit lassen sich 8-stellige Binärcodes erzeugen. Anders ausgedrückt: Die Lochkarte stellt eine 8-Variation mit Wiederholung aus der Menge {0, 1} dar. (0 setzen wir für ein ungelochtes Feld, 1 für ein gelochtes.)
Die Variationen haben dann zum Beispiel folgende Gestalt: 1 0 0 1 0 1 1 0, 0 1 0 1 1 1 0 1, ...

Da $k = 8$ und $n = 2$ ist, erhält man $2^8 = 256$ Codiermöglichkeiten, der Ergebnisraum Ω enthält daher 256 Elemente: $V_{(\text{mW})} = 256$

3.1.2 Variationen ohne Wiederholung

Wenn man nur die Variationen betrachtet, in denen eine Wiederholung von Zahlen ausgeschlossen wird, gelangt man zu einem wichtigen Teilbereich der Variationen, zu den *Variationen ohne Wiederholung.*

Definition

Unter einer **Variation ohne Wiederholung** versteht man eine Variation, in der jede Zahl innerhalb der Variation *höchstens einmal* auftritt.

Aus der Definition geht hervor, dass es eine k-Variation *ohne* Wiederholung aus einer Vorratsmenge mit n Elementen bzw. Zahlen für eine Tupellänge *nur dann geben kann*, wenn $k \leqq n$ ist. Wäre nämlich die Länge $k > n$, müssten sich zwangsläufig Zahlen innerhalb der Variation wiederholen.

(2, 8, 0, 5) bzw. 2 8 0 5 ist eine 4-Variation *ohne* Wiederholung aus der Menge {0, 1, 2, …, 8}.
(7, 0, 7, 8) bzw. 7 0 7 8 aus der gleichen Vorratsmenge ist dagegen eine 4-Variation *mit* Wiederholung.

Merke!

Eine *k-Variation ohne Wiederholung* aus einer Menge mit n Elementen gibt es nur, wenn $k \leqq n$ ist.

Für den besonderen Fall $k = n$ werden wir die Variationen ohne Wiederholung unter dem neuen Begriff *Permutation* behandeln; vergleichen sie dazu den Abschnitt 3.1.3 .

Beispiel

Beispiel 1:
Eine Urne enthält 9 Kugeln, die von 1 bis 9 durchnummeriert sind. Man greift nacheinander 3 Kugeln ohne Zurücklegen heraus.

Nehmen wir an, das Ergebnis würde (5, 1, 8) lauten, so wäre 5 1 8 eine 3-Variation der Zahlen 1 bis 9.
Für das Ziehen der ersten Kugel hatten wir noch alle 9 Möglichkeiten, bei der zweiten Kugel noch 8 und bei der dritten Kugel nur noch 7 Möglichkeiten. Es gibt also insgesamt $9 \cdot 8 \cdot 7 = 504$ verschiedene 3-Variationen ohne Wiederholung aus der Menge {1, 2, 3, …, 9}.

Beispiel

Beispiel 2:
Ein Maler bietet einer Galerie 15 Bilder für eine Ausstellung an. An der dazu vorgesehenen Wand finden aber nur 4 Bilder nebeneinander Platz.
Wie viele verschiedene Möglichkeiten gibt es für die Aufhängung von 4 Bildern des Malers?

Für das erste Bild (es soll links hängen) steht die volle Auswahl von 15 Bildern offen, für das nächste Bild können wir nur noch aus 14 auswählen, für das nächste nur noch aus 13 und für das letzte Bild ganz rechts bleibt uns nur noch die Wahl aus 12 Bildern.
Das ergibt zusammen $15 \cdot 14 \cdot 13 \cdot 12 = 32760$ Möglichkeiten, 4 Bilder des Malers aufzuhängen.

Übertragen wir dieses **Zählverfahren** auf den allgemeinen Fall der k-Variationen aus einer Menge mit n Zahlen, wobei $k \leqq n$ sein muss (es gibt ja keine Wiederholung innerhalb der Variation), haben wir für die erste Zahl n Möglichkeiten der Besetzung, für die zweite Zahl noch $n - 1$ Möglichkeiten, für die dritte Zahl nur noch $n-2$ Möglichkeiten und so weiter bis zur letzten, zur k-ten Zahl in der Variation: Für die Besetzung der letzten Stelle bleiben nur noch $n-k+1$ Zahlen übrig.

Wir sehen:
Die Anzahl $V_{(oW)}$ aller k-Variationen ohne Wiederholung aus einer Menge mit n Elementen ist gleich $n \cdot (n-1) \cdot (n-2) \cdot \ldots \cdot (n-k+1)$ für $k \leqq n$.

3.1.3 Permutationen ohne Wiederholung

Im Beispiel 1 aus Abschnitt 3.1.2 hatten wir aus der Urne nur 3 Kugeln gezogen. Wir wiederholen nun das Experiment, ziehen aber *alle* 9 Kugeln nacheinander (ohne Zurücklegen) aus der Urne. Nun ist $k = n = 9$ und wir erhalten eine sogenannte **Permutation** der Zahlen von 1 bis 9.
Eine Permutation, genauer: eine Permutation ohne Wiederholung, ist demnach eine Variation ohne Wiederholung, in der *alle* Zahlen aus der zur Verfügung stehenden Menge angeordnet werden. So sind beispielsweise 3 5 1 2 4 und 2 5 3 4 1 Permutationen der Zahlen 1, 2, 3, 4, 5. Diese Zahlen werden nur jeweils anders angeordnet, also gegeneinander vertauscht.

Setzen wir nun $k = 9$ und $n = 9$ in die im vorigen Abschnitt entwickelte *Zählformel* ein, erhalten wir die Anzahl $P_{(oW)}$ aller Permutationen (ohne Wiederholung) der Zahlen von 1 bis 9:

$$P_{(oW)} = 9 \cdot 8 \cdot 7 \cdot \ldots \cdot 3 \cdot 2 \cdot 1 = 362880$$

Dieses Produkt aller natürlichen Zahlen, beginnend bei 9 und endend bei 1, wird abgekürzt $9!$ geschrieben und *9 Fakultät* ausgesprochen.

Allgemein ist $n!$ das Produkt der natürlichen Zahlen von der Zahl n abwärts bis zur Zahl 1.

$$n! = n \cdot (n-1) \cdot (n-2) \cdot \ldots \cdot 3 \cdot 2 \cdot 1 \quad \text{für } n \in \mathbb{N}$$

Definition

Gemäß dieser Definition gilt für jede natürliche Zahl die Beziehung: $n! = n \cdot (n-1)!$
Damit sie auch für $n = 1$ anwendbar ist $(1! = 1 \cdot 0!)$, muss man der Definition von $n!$ noch hinzufügen:

$$0! = 1$$

Definition

Die Fakultäten der natürlichen Zahlen nehmen rasch große Werte an, wie man an den folgenden Zahlenbeispielen sieht:
$1! = 1$; $2! = 2$; $3! = 6$; $4! = 24$; $5! = 120$; $6! = 720$; $7! = 5040$ usw.

Die Abkürzung $n!$ für das Produkt $n \cdot (n-1) \cdot (n-2) \cdot \ldots \cdot 2 \cdot 1$ lässt sich in vorteilhafter Weise auch für die Variationen ohne Wiederholung aus Abschnitt 3.1.2 verwenden.
Bekanntlich gilt für die Anzahl der k-Variationen – ohne Wiederholung – aus einer Menge mit n Elementen:

$$V_{(oW)} = n \cdot (n-1) \cdot (n-2) \cdot \ldots \cdot (n-k+1)$$

Vergleichen wir dieses Produkt mit $n!$, so stellen wir fest, dass es nicht mit dem Faktor 1, sondern bereits mit dem Faktor $(n-k+1)$ endet. Dieses verkürzte Produkt entsteht also aus $n!$ durch „Weglassen" des nachfolgenden Produkts $(n-k) \cdot (n-k-1) \cdot \ldots \cdot 2 \cdot 1$; rechnerisch bedeutet das die Division von $n!$ durch $(n-k)!$.

Man erhält somit: $n \cdot (n-1) \cdot (n-2) \cdot \ldots \cdot (n-k+1) = \frac{n!}{(n-k)!}$

Wir fassen die Abzählformeln für Variationen und Permutationen zusammen:

Merke!

- Die Anzahl $V_{(oW)}$ der k-Variationen ohne Wiederholung aus einer Menge mit n Elementen $(k < n)$ ist gleich $\frac{n!}{(n-k)!}$.
- Die Anzahl $P_{(oW)}$ der Permutationen ohne Wiederholung von n Elementen ist gleich $n!$.

Fakultäten lassen sich auf Taschenrechnern übrigens meist bis $69! \approx 1{,}71 \cdot 10^{98}$ berechnen.
Über die Tastenfolge für $n!$ bei Ihrem Gerät informieren Sie sich am besten aus der Bedienungsanleitung – oder Sie lassen es sich zeigen!
Dies gilt ebenso für die Bestimmung der Anzahl der k-Variationen ohne Wiederholung aus einer Menge mit n Elementen.

Guten Freunden gibt man einen Namen …

- In manchen Lehrbüchern und Formelsammlungen findet man die k-Variationen ohne Wiederholung unter dem Namen *k-Permutationen*.
- Die k-Variationen mit Wiederholung dagegen werden dort *k-Tupel* oder auch *geordnete Stichproben vom Umfang k mit Wiederholung* genannt.

Beispiel

Beim 100-m-Lauf werden 8 Bahnen unter den 8 Läufern ausgelost. Wie viele verschiedene Startaufstellungen sind möglich?

Wir haben es hier mit Permutationen der Zahlen von 1 bis 8 zu tun, da die Anzahl der Bahnen und die Anzahl der Läufer übereinstimmen $(k = n = 8)$. Demnach gibt es $8! = 40320$ verschiedene Startaufstellungen. Kaum zu glauben!

3.1.4 Permutationen mit Wiederholung

In den Permutationen ohne Wiederholung treten die n Elemente aus der Vorratsmenge nur einmal auf. Lassen wir aber zu, dass von den n Elementen einige oder sogar alle mehrfach platziert werden, erhalten wir eine **Permutation mit Wiederholung**.

Nehmen wir an, die Vorratsmenge heißt {1, 2, 3}. Dann ist 2 1 2 3 3 eine Permutation mit Wiederholung aus der Menge {1, 2, 3}, ebenso 3 1 3 3 2, aber auch eine „längere" Anordnung wie 1 3 1 1 2 1 2 3.

In einer Permutation *müssen* im Gegensatz zu einer Variation *alle* Elemente aus der Vorratsmenge auftreten.

Merke!

Das beste Beispiel einer Permutation *mit* Wiederholung ist das **Anagramm**. Ein Anagramm ist eine beliebige Umstellung der Buchstaben eines Wortes, wobei die Wortlänge gleich bleibt. Beispielsweise ist TASLA ein Anagramm des Wortes ATLAS, ebenso ALSAT oder SALTA. Wenn Buchstaben, wie hier das „A", mehrfach im Wort auftreten, entsteht durch Permutieren dieser (gleichen) Buchstaben kein neues Anagramm, also kein neues „Wort".

Ein Anagramm ist eine Permutation aus einer Menge mit p Elementen (Buchstaben), wobei manche Buchstaben mehrfach vorkommen. Daher ist die Wortlänge n größer als die Zahl p der unterschiedlichen Buchstaben: $n > p$

Definition

Im Beispiel des Wortes ATLAS ist $p = 4$ (4 Buchstaben: A, T, L, S), die Wortlänge ist aber $n = 5$.

Die Anzahl aller Permutationen mit Wiederholung, also aller Anagramme, beträgt nun nicht einfach $n!$, wie es die Formel für $P_{(oW)}$ nahelegen würde. Denn wegen des doppelten Auftretens des Buchstabens A und da die Vertauschung der beiden „A" untereinander kein neues Anagramm ergibt, reduziert sich die Anzahl der Permutationen, also der Anagramme, auf $\frac{5!}{2!} = 60$.

Der Nenner dieses Quotienten ist die Zahl der möglichen Vertauschungen der identischen Buchstaben. Aus Abschnitt 3.1.3 wissen wir, dass dies einer Permutation ohne Wiederholung entspricht, in unserem Beispiel also $2!$.

Würde im Wort dreimal der Buchstaben A vorkommen, müssten wir die Anzahl $n!$ durch 3! teilen, da die 3! Permutationen der drei „A" untereinander kein neues Anagramm ergeben.

Genauso verhält es sich beim Wort PFIFFIG: Die Wortlänge n ist zwar 7, die Zahl p der vorkommenden Buchstaben aber nur 4. Da die Permutationen der Buchstaben I bzw. F untereinander keine neuen Anagramme liefern, gibt es „nur“ $\frac{7!}{2! \cdot 3!} = 420$ verschiedene Anagramme.

Allgemein kann man sagen:

Ist p die Anzahl der (einfach oder mehrfach) auftretenden Buchstaben eines Wortes und $n_1, n_2, \ldots, n_p$ die Anzahl ihres Auftretens, dann ist die Wortlänge $n = n_1 + n_2 + \ldots + n_p$.

Die Anzahl der Permutationen mit Wiederholung aus der Menge der p Buchstaben beträgt dann:

$$P_{(\mathrm{mW})} = \frac{n!}{n_1! \cdot n_2! \cdot \ldots \cdot n_p!}$$

Im Wort PFIFFIG erkennen wir $p = 4$, weiter $n_1 = 1$ (Buchstabe P), $n_2 = 3$ (Buchstabe F), $n_3 = 2$ (Buchstabe I), $n_4 = 1$ (Buchstabe G).

Damit ist $n = 1 + 3 + 2 + 1 = 7$ und wir erhalten $\frac{7!}{1!\ 3!\ 2!\ 1!} = 420$ verschiedene Anagramme des Wortes PFIFFIG.

Merke!

Die Anzahl der Permutationen mit Wiederholung aus einer Menge mit n Elementen beträgt:

$$P_{(\mathrm{mW})} = \frac{n!}{n_1! \cdot n_2! \cdot \ldots \cdot n_p!} \quad \text{mit} \quad n > p \quad \text{und} \quad n = n_1 + n_2 + \ldots n_p$$

Aufgabe

20 Wie viele Anagramme gibt es aus dem Wort

a) ABRAKADABRA ?

b) PFEFFERFRESSER ?

3.1.5 Kombinationen ohne Wiederholung

Kehren wir zu den Permutationen ohne Wiederholung aus Abschnitt 3.1.3 zurück!
Wie wir gesehen haben, ist die Reihenfolge der Elemente innerhalb der Permutation, also die *Anordnung*, das wichtige Unterscheidungsmerkmal: Die Permutation 5 1 8 ist nicht gleich der Permutation 8 5 1.
Legt man aber, aus welchen Gründen auch immer, auf die Anordnung keinen Wert, erhält man statt der 6 Permutationen 1 5 8, 1 8 5, 5 1 8, 5 8 1, 8 1 5, 8 5 1 nur die *Menge* der Zahlen 1, 5 und 8, also {1, 5, 8}. Bei einer Menge gibt es bekanntlich keine Anordnung der Elemente, es kommt nur darauf an, welche Elemente enthalten sind.

Ein klassisches Beispiel für die Unwichtigkeit der Anordnung ist das Zeremoniell der Ziehung der Lottozahlen. Jede Ziehung liefert zunächst eine Menge mit 6 Elementen aus den Zahlen von 1 bis 49, etwa {7, 13, 24, 27, 35, 48} und anschließend eine weitere Zahl aus den verbliebenen 43 Zahlen, die Zusatzzahl.

Die aufsteigende Aufzählung der Elemente in dieser Menge ist ohne Bedeutung und dient lediglich der Übersicht für die Spieler. Es handelt sich schließlich um eine Menge und *nicht* um eine Permutation, da die Reihenfolge der Ziehung außer Betracht bleibt.

Nun möchte natürlich jeder Lottospieler wissen: „Wie hoch sind meine Chancen auf den Hauptgewinn?"

Um die Frage zu beantworten, müssen wir feststellen, wie viele *6-Kombinationen ohne Wiederholung* (so wollen wir die Teilmengen mit 6 Elementen nennen) aus der ganzen Menge der 49 Lottozahlen gebildet werden können. Der Ergebnisraum des Zahlenlottos besteht genau aus allen diesen 6-Kombinationen, und nur eine dieser 6-Kombinationen („Sechs Richtige") ist das Ergebnis der Ziehung.

Aus der Zählformel $\frac{n!}{(n-k)!}$ für Permutationen ohne Wiederholung ergeben sich wegen $n = 49$ und $k = 6$ zunächst $P_{(\mathrm{oW})} = \frac{49!}{(49-6)!} = \frac{49!}{43!} = 1{,}006834752 \cdot 10^{10}$ 6-Permutationen ohne Wiederholung.

Das Zwischenergebnis $P_{(\mathrm{oW})}$ enthält aber noch *alle unterschiedlichen Anordnungen* von jeweils 6 Elementen! Da aus 6 festen Zahlen genau 6! volle Permutationen, also Anordnungen, gebildet werden können, gehören sie alle zu ein und derselben Menge.

Unser Zwischenergebnis $1{,}006834752 \cdot 10^{10}$ war also um den Faktor 6! zu hoch ausgefallen und reduziert sich daher auf $\frac{49!}{43!}$ geteilt durch 6! . Man erhält demnach $\frac{49!}{43! \cdot 6!}$ verschiedene 6-Kombinationen ohne Wiederholung, die man aus der Menge der Zahlen von 1 bis 49 herausgreifen kann.

Wir berechnen mit dem Taschenrechner die Zahl $\frac{49!}{43! \cdot 6!}$ und erhalten 13983816.

Die Chance, die 6 richtigen Zahlen anzukreuzen, beträgt damit 1:13983816.

Für den ziemlich unhandlichen Ausdruck $\frac{49!}{(49-6)! \cdot 6!}$ beziehungsweise $\frac{n!}{(n-k)! \cdot k!}$ bürgerte sich im 19. Jahrhundert die Schreibweise $\binom{n}{k}$ ein.

Die Sprechweise dafür lautet *k aus n* (das ist der Lottoauswahl „6 aus 49" entnommen), in älterer Literatur *n über k* (*n* steht über *k*).

Verwechseln Sie auf keinen Fall $\binom{n}{k}$ mit dem Bruch $\frac{n}{k}$!

Wir fassen zusammen:

Merke!

Die Anzahl der **k-Kombinationen ohne Wiederholung** aus einer Menge mit n Elementen ist

$$K_{(oW)} = \binom{n}{k} \quad \text{für } 0 \leqq k \leqq n\,.$$

Dabei gilt: $\binom{n}{k} = \dfrac{n!}{(n-k)! \cdot k!} = \dfrac{n \cdot (n-1) \cdot \ldots \cdot (n-k+1)}{k!}$

In manchen Fachbüchern und Formelsammlungen werden k-Kombinationen ohne Wiederholung als *k-Teilmengen* oder als *ungeordnete Stichproben vom Umfang k ohne Wiederholung* bezeichnet.

Falls Ihr Taschenrechner keine Eingabemöglichkeit für die direkte Berechnung von $\binom{n}{k}$ hat (so etwas steht in der Bedienungsanleitung!), müssen Sie auf ein Tabellenwerk oder auf die ursprüngliche Darstellung $\left(\dfrac{n!}{k! \cdot (n-k)!}\right)$ zurückgreifen.

Die Zahlenwerte für $\binom{n}{0}$ und $\binom{n}{1}$ freilich sollten wir uns bereits jetzt schon merken:

Definition

$$\binom{n}{0} = \frac{n!}{0! \cdot n!} = 1 \quad \text{und} \quad \binom{n}{1} = \frac{n!}{1! \cdot (n-1)!} = n$$

Diese beiden Zahlenwerte werden beim späteren, wichtigen Thema *Binomialverteilung* häufig Verwendung finden.
Auch bei der Berechnung von Binomen spielen sie eine wichtige Rolle:

Die Zahl $\binom{n}{k}$ wird auch **Binomialkoeffizient** genannt, weil sie bei der Berechnung des Binoms $(a+b)^n$ als Koeffizient mehrfach auftritt.
Aus den *binomischen Formeln* der Algebra kennen wir von früher:

$$(a+b)^2 = a^2 + 2ab + b^2 = 1a^2 + 2ab + 1b^2$$

Wir schreiben die Koeffizienten 1, 2, 1 als Binomialkoeffizienten und erhalten wegen $\binom{2}{0} = 1$, $\binom{2}{1} = 2$ und $\binom{2}{2} = 1$:

$$(a+b)^2 = \binom{2}{0} a^2 + \binom{2}{1} ab + \binom{2}{2} b^2$$

Analog entwickeln wir $(a+b)^3$:

$$(a+b)^3 = a^3 + 3a^2b + 3ab^2 + b^3 = 1\ a^3 + 3\ a^2b + 3\ ab^2 + 1\ b^3 =$$
$$= \binom{3}{0} a^3 + \binom{3}{1} a^2b + \binom{3}{2} ab^2 + \binom{3}{3} b^3$$

Auf diese Weise erhält man die allgemeine *Binomialentwicklung* der Potenz $(a+b)^n$:

$$(a+b)^n = \binom{n}{0} a^n b^0 + \binom{n}{1} a^{n-1} b^1 + \ldots + \binom{n}{n-1} a^1 b^{n-1} + \binom{n}{n} a^0 b^n$$

Im Kapitel 6 werden wir den Binomialkoeffizienten wieder begegnen.

21 **Aufgabe**

a) Berechnen Sie: $\binom{6}{4}$, $\binom{8}{3}$, $\binom{5}{2}$, $\binom{20}{13}$

b) Zeigen Sie, dass für beliebige natürliche Zahlen n und k $(n, k \in \mathbb{N};\ k \leqq n)$ gilt: $\binom{n}{k} = \binom{n}{n-k}$

c) Teilaufgabe b) bedeutet, dass die Binomialkoeffizienten symmetrisch verteilt sind. Zum Beispiel: $\binom{7}{1} = \binom{7}{6}$; $\binom{7}{2} = \binom{7}{5}$; $\binom{13}{10} = \binom{13}{3}$

Entwickeln Sie $(r+s)^6$ nach dem Binomialsatz.

3.1.6 Kombinationen mit Wiederholung

Aus einer Dose mit roten, grünen, weißen und braunen Gummibärchen sollen Tütchen mit jeweils 3 Gummibärchen gefüllt werden.
Wie viele verschiedene Tütchen kann es geben?

Das Beispiel ist eine Weiterführung der Lotto-Auswahl „6 aus 49“ mit dem Unterschied, dass in einem Tütchen zwei oder alle drei Gummibärchen von der gleichen Farbe sein dürfen.
Eine Anordnung gibt es hier nicht, die Gummibärchen liegen ja ungeordnet in der Tüte. Da aber die Farben mehrfach vertreten sein können, nennen wir den Tüteninhalt eine *3-Kombination mit Wiederholung* aus einer Menge mit 4 Elementen (Farben). Die Dose wird nie leer – es sollen also immer jeweils mindestens drei Exemplare in der Dose vorrätig sein.
Die Anzahl der verschiedenen Kombinationen ermitteln wir durch systematisches Auszählen:

1. Die Tütchen enthalten 3 Gummibärchen von gleicher Farbe.

   r r r, g g g, w w w, b b b Anzahl: 4

2. Die Tütchen enthalten 2 Gummibärchen von gleicher Farbe.

r r g, r r w, r r b,	Anzahl: 3	
g g r, g g w, g g b	Anzahl: 3	$4 \cdot 3 = 12$
w w r, w w g, w w b	Anzahl: 3	
b b r, b b g, b b w	Anzahl: 3	

3. Die Tütchen enthalten 3 verschiedenfarbige Gummibärchen. (Das ist das Lotto-Prinzip „3 aus 4".) $\binom{4}{3} = 4$

Zahl der Kombinationen insgesamt: 20

Selbstverständlich gibt es auch für die Anzahl der Kombinationen mit Wiederholung eine Zählformel, deren allgemeine Herleitung allerdings nicht ganz einfach ist und daher den Leistungskursteilnehmern vorbehalten bleibt. Der Vollständigkeit halber wollen wir die Formel aber nicht verschweigen:

Merke!

> Die Anzahl der ***k*-Kombinationen mit Wiederholung** aus einer Menge mit n Elementen beträgt:
> $$K_{(mW)} = \binom{n+k-1}{k}$$

Wenn Sie beim Lösen von Aufgaben aus der Kombinatorik nicht so recht wissen, welchem Typ die Aufgabe zuzuordnen ist, sollten Sie Folgendes beachten:

Merke!

> Kommt es auf eine *Anordnung* bzw. *Reihenfolge* der Zahlen oder Elemente an, handelt es sich stets um eine *Variation* oder *Permutation*.
> Spielt dagegen die Anordnung keine Rolle, untersucht man also nur *Mengen*, dann hat man es mit einer *Kombination* zu tun.

In den folgenden Beispielen wollen wir die verschiedenen Zählformeln gegenüberstellen, die wir bei den Variationen, Permutationen und Kombinationen kennengelernt haben.

Beispiel

Beispiel 1:
Auf einer Parteiversammlung eines Ortsverbands einer Partei, an der 11 Mitglieder teilnehmen, soll ein Wahlausschuss, bestehend aus 4 Mitgliedern, gebildet werden.
Wie viele Möglichkeiten gibt es, einen Wahlausschuss zusammenzustellen?

Da in dem Wahlausschuss keine Rang- oder Reihenfolge vorgesehen ist (keine Anordnung) und da keine Person mehrfach im Ausschuss vertreten sein kann, ist jede Zusammenstellung eine 4-Kombination ohne Wiederholung aus 11 Personen ($n = 11$ und $k = 4$).

Demnach gilt hier das Lotto-Prinzip „4 aus 11“ und es gibt $\binom{11}{4} = 330$ verschiedene Zusammensetzungen des Ausschusses.

Beispiel

Beispiel 2:
15 Lehrer kommen täglich mit dem Auto zur Schule, der Lehrerparkplatz weist aber nur 6 Plätze auf.
Wie viele Belegungen des Parkplatzes sind theoretisch möglich, wenn immer alle Plätze besetzt werden?

Aus der Menge der 15 Lehrer werden 6 ausgewählt, es kommt aber auf die Anordnung an, wie die 6 Lehrer die Plätze besetzen. Jede volle Belegung des Parkplatzes stellt daher eine 6-Variation ohne Wiederholung aus einer Menge von 15 Lehrern dar.

Es gibt also $V_{(\text{oW})} = \frac{15!}{(15-6)!} = \frac{15!}{9!} = 3603600$ Belegungsmöglichkeiten.

Beispiel

Beispiel 3:
5 verschiedenfarbige Würfel werden gleichzeitig geworfen. Wie viele Wurfergebnisse kann es geben?

Jeder der 5 Würfel, die ja durch ihre Farbe unterscheidbar sind, kann eine Augenzahl zwischen 1 und 6 aufweisen. Jeder Wurf ist daher eine 5-Variation mit Wiederholung aus der Menge $\{1, 2, 3, 4, 5, 6\}$. Die Menge enthält $n = 6$ Elemente, die Tupellänge beträgt $k = 5$ und man erhält $6^5 = 7776$ Wurfergebnisse.

Beispiel

Beispiel 4:
In einem Ferienort will eine Gruppe von 7 Personen einen Fahrradausflug machen. Glücklicherweise hat der Farradverleih gerade noch 7 Räder vorrätig.
Auf wie viele Arten können die Räder an die Touristen ausgeliehen werden?

Die Vorratsmenge ($n = 7$) soll ganz auf die Teilnehmer ($k = 7$) in einer bestimmten Reihenfolge verteilt werden. Damit liegt eine Permutation von 7 Rädern (oder auch Personen, was hier auf dasselbe hinausläuft) ohne Wiederholung vor: $P_{(\text{oW})} = 7!$
Es gibt $7! = 5040$ Vertauschungen.

Beispiel

Beispiel 5:
3 rote und 5 grüne Kugeln werden in 8 Schubladen gelegt, sodass in jeder Schublade eine Kugel liegt.
Wie viele Verteilungen gibt es?

Wir denken uns die Schubladen nebeneinander oder untereinander aufgestellt, die Verteilung der 8 Kugeln ist auf jeden Fall eine angeordnete Zusammenstellung, also eine Permutation aus einer Menge mit nur 2 Elementen, aber mit Wiederholung.
Dies ist vergleichbar mit einem Anagramm der Länge 8, in dem nur 2 Buchstaben auftreten, diese aber mehrfach.

Die rote Kugel erscheint dreimal ($n_1 = 3$), die grüne Kugel fünfmal ($n_2 = 5$). Die Schubladenanzahl n ist dann die Summe $n_1 + n_2 = 8$.

Wir erhalten $P_{(mW)} = \frac{8!}{3! \cdot 5!} = 56$ verschiedene Verteilungen der 8 Kugeln auf die 8 Schubladen.

Beispiel

Beispiel 6:
Ein Kunde möchte im Getränkemarkt einen Träger mit 12 Fruchtgetränkeflaschen kaufen. Er kann aus den Sorten Apfel, Birne und Orange wählen. Wie viele Wahlmöglichkeiten hat er, wenn er auf die Anordnung im Träger keinen Wert legt?

Da die Anordnung keine Rolle spielt, kann es sich nur um eine 12-Kombination mit Wiederholung aus 3 Sorten handeln. Es gilt also $n = 3$ und $k = 12$. Mit der entsprechenden Formel erhalten wir:

$$K_{(mW)} = \binom{n+k-1}{k} = \binom{3+12-1}{12} = \binom{14}{12} = \frac{14!}{2! \cdot 12!} = \frac{14 \cdot 13}{2!} = 7 \cdot 13 =$$

$$= 91 \text{ Kombinationen}$$

In den folgenden fünf Aufgaben werden Sie sich mit den besprochenen Zusammenstellungen (Variationen, Permutationen, Kombinationen) und ihren Zählformeln beschäftigen.

!

Der „erste Augenschein" oder scheinbare Ähnlichkeiten mit Aufgaben, die Sie schon einmal gelöst haben, können recht trügerisch sein! Gehen Sie die Lösung besser *unvoreingenommen* und *systematisch* an:

- Lesen Sie die Aufgaben langsam und aufmerksam durch, achten Sie genau auf sprachliche Formulierungen, aus denen hervorgeht, ob bei der Zusammenstellung der Elemente (Ziffern, Personen, Farben, ...) eine *Anordnung* oder *Reihenfolge* verlangt wird und ob eine *Wiederholung* von Elementen erwünscht oder ausgeschlossen wird, zum Beispiel durch das Wort „verschieden".

- Prüfen Sie, ob das Problem aus mehreren k-Auswahlen zusammengesetzt ist, sodass Sie verschiedene Formeln mit jeweils unterschiedlichen Werten für n und k miteinander kombinieren müssen.

- Versuchen Sie das zu lösende Problem in der Übersichtstabelle zu lokalisieren! Auch das Flussdiagramm auf der übernächsten Seite kann Sie dabei unterstützen.

- Schreiben Sie sich die beiden alles entscheidenden Werte für die Mächtigkeit der Vorratsmenge und für die Tupellänge auf (die Verwechslung ist eine häufige Fehlerquelle!) und verwenden Sie dann die richtige Zählformel!

Kombinatorik-Aufgaben zählen zu den schwierigsten Aufgaben in der Stochastik. Auf Anhieb wird es nicht gleich klappen. Lassen Sie sich dennoch nicht entmutigen! Lesen Sie sich wiederholt die Beispiele und Lösungen der Aufgaben durch und versuchen Sie, sie auf andere Aufgaben zu übertragen!

Tabelle aller *k*-Auswahlen

Bezeichnung	Eigenschaften	Formel	Beispiel
k-Variation ohne Wiederholung	mit Anordnung; $k < n$	$V_{(oW)} = \frac{n!}{(n-k)!}$	*Parkplatzbelegung:* 15 Autos, 6 Plätze $\Rightarrow \; n = 15, k = 6$
k-Variation mit Wiederholung	mit Anordnung; k, n beliebig	$V_{(mW)} = n^k$	*Fußballtoto:* $n = 3, k = 11$
Permutation ohne Wiederholung	mit Anordnung; jedes Element wird benutzt: $k = n$	$P_{(oW)} = n!$	Startaufstellung: 8 Läufer auf 8 Bahnen $\Rightarrow \; n = k = 8$
Permutation mit Wiederholung	mit Anordnung; jedes Element wird benutzt; $n > p$ $n = n_1 + \ldots + n_p$	$P_{(mW)} = \frac{n!}{n_1! \cdot \ldots \cdot n_p!}$	*Anagramm:* RENNEN $\Rightarrow \; p = 3, n = 6,$ $n_R = 1, n_E = 2,$ $n_N = 3$
k-Kombination ohne Wiederholung	ohne Anordnung; $k < n$	$K_{(oW)} = \binom{n}{k} = \frac{n!}{(n-k)! \cdot k!}$	Zahlenlotto: „6 aus 49" $\Rightarrow \; n = 49, k = 6$
k-Kombination mit Wiederholung	ohne Anordnung; k, n beliebig	$K_{(mW)} = \binom{n+k-1}{k}$	Flaschenträger: 12 Flaschen aus 3 Sorten $n = 3, k = 12$

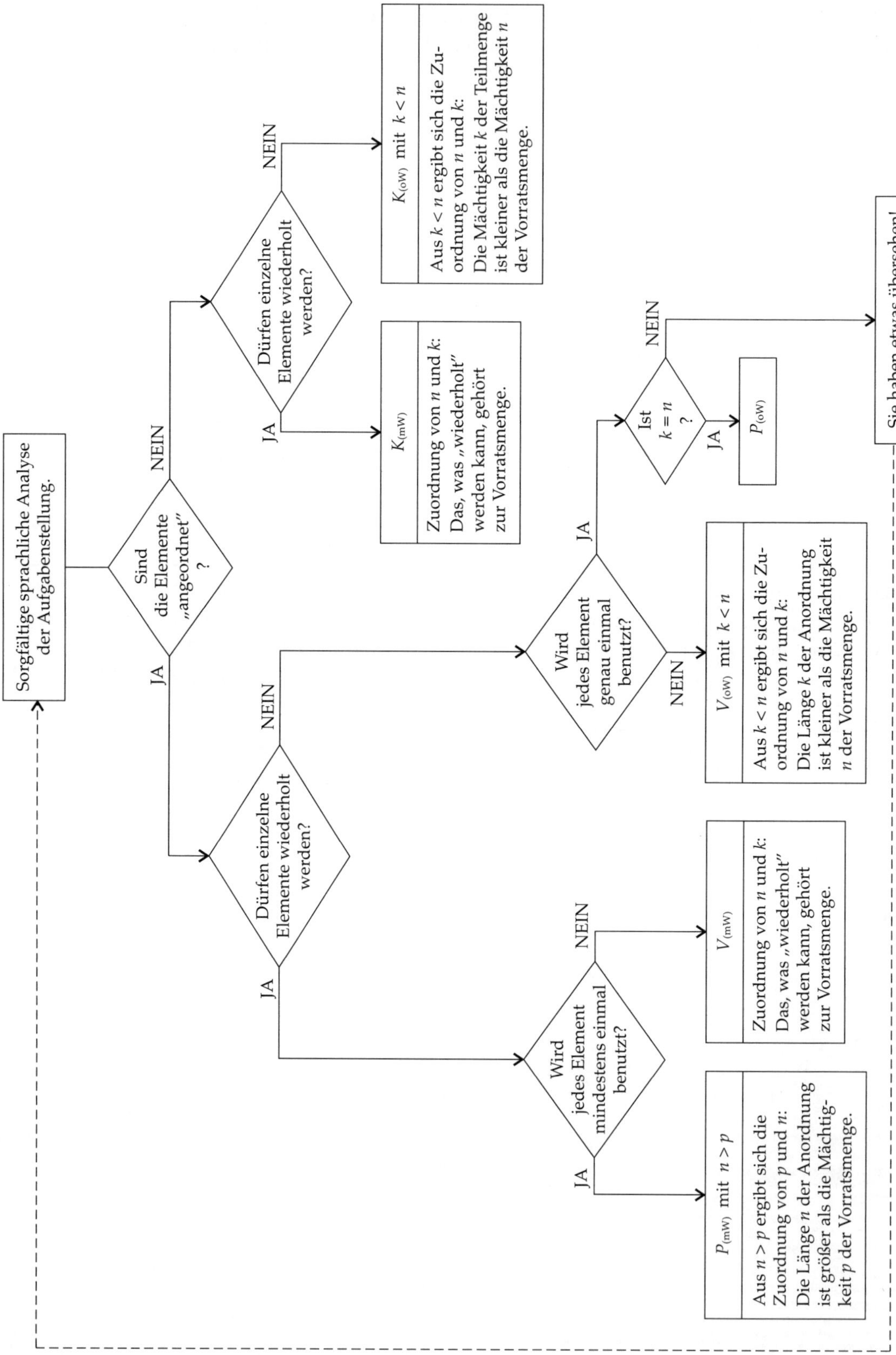
Sorgfältige sprachliche Analyse der Aufgabenstellung.
Sind die Elemente „angeordnet“ ?
JA
NEIN
Dürfen einzelne Elemente wiederholt werden?
JA
NEIN
$K_{(mW)}$
Zuordnung von n und k: Das, was „wiederholt“ werden kann, gehört zur Vorratsmenge.
$K_{(oW)}$ mit $k < n$
Aus $k < n$ ergibt sich die Zuordnung von n und k: Die Mächtigkeit k der Teilmenge ist kleiner als die Mächtigkeit n der Vorratsmenge.
Dürfen einzelne Elemente wiederholt werden?
JA
NEIN
Wird jedes Element mindestens einmal benutzt?
JA
NEIN
$P_{(mW)}$ mit $n > p$
Aus $n > p$ ergibt sich die Zuordnung von p und n: Die Länge n der Anordnung ist größer als die Mächtigkeit p der Vorratsmenge.
$V_{(mW)}$
Zuordnung von n und k: Das, was „wiederholt“ werden kann, gehört zur Vorratsmenge.
Wird jedes Element genau einmal benutzt?
JA
NEIN
$V_{(oW)}$ mit $k < n$
Aus $k < n$ ergibt sich die Zuordnung von n und k: Die Länge k der Anordnung ist kleiner als die Mächtigkeit n der Vorratsmenge.
Ist $k = n$?
JA
NEIN
$P_{(oW)}$
Sie haben etwas übersehen!

Aufgaben

22 Aus den Buchstaben des Wortes BAUERNHOF sollen 3 verschiedene Buchstaben ausgewählt werden. Auf wie viele Arten ist dies möglich, wenn

a) die 3 Buchstaben Konsonanten sein sollen;

b) die 3 Buchstaben Vokale sein sollen;

c) 2 Buchstaben Konsonanten und 1 Buchstabe ein Vokal sein soll?

23 Vater, Mutter und ihre drei Kinder stellen sich zum Gruppenfoto auf.

a) Wie viele Möglichkeiten, sich nebeneinander aufzustellen, hat die Familie?

b) Vater will in der Mitte stehen. Wie viele Aufstellmöglichkeiten gibt es?

c) Bei einer weiteren Aufnahme wollen die Eltern nebeneinander stehen. Wie viele Gruppierungen gibt es jetzt?

24 Aus den Ziffern 1, 2, 3, 4, 5, 6 sollen 4-stellige gerade Zahlen gebildet werden. Wie viele derartige Zahlen gibt es, wenn

a) die Ziffern verschieden sein sollen;

b) keine Einschränkung besteht?

25 Die 4 Provinzen eines Landes sollen neue Fahnen mit 3 verschiedenen horizontalen Farbstreifen (Trikolore) erhalten. Es kommen nur die Farben Gold, Rot, Schwarz, Grün und Weiß infrage.

a) Wie viele Trikoloren stehen zur Wahl?

b) Auf wie viele Arten kann man diese Trikoloren auf die Provinzen verteilen?

26 Ein parlamentarischer Untersuchungsausschuss mit 12 Politikern soll aus den Parteien SPD und CDU zusammengestellt werden. Aufgrund der Mehrheitsverhältnisse stellt die SPD 7 Mitglieder und die CDU 5 Mitglieder. Die SPD hat 10 Fachleute, die CDU 9 Fachleute, die dafür infrage kommen.
Wie viele Zusammensetzungen des Ausschusses sind möglich?

3.2 Wahrscheinlichkeiten von LAPLACE-Experimenten

Im ersten Abschnitt von Kapitel 3 hatten wir entwickelt, wie sich für ein LAPLACE-Experiment die Wahrscheinlichkeit eines Ereignisses E aus den beiden Mächtigkeiten $|E|$ und $|\Omega|$ berechnen lässt: $P(E) = \frac{|E|}{|\Omega|}$

Mit den in Abschnitt 3.1 erarbeiteten kombinatorischen Hilfsmitteln können wir nun diese beiden Mächtigkeiten, also die Anzahl der Elemente von E und Ω, bestimmen und anschließend durch Quotientenbildung die Wahrscheinlichkeit des betreffenden Ereignisses ausrechnen.

Beispiel

Beispiel 1:
Das Geburtstagsparadoxon

Wie groß ist die Wahrscheinlichkeit, dass in einer Klasse mit 25 Schülern mindestens 2 Schüler am gleichen Tag Geburtstag haben?

Sie werden sagen: „Das wird höchstwahrscheinlich selten vorkommen." Nehmen wir an, die Wahrscheinlichkeit, an einem bestimmten Tag des Jahres geboren zu werden, ist für alle 365 Tage gleich groß. Nummeriert man nun die Tage eines Jahres von 1 bis 365, so lassen sich die Geburtstage aller 25 Schüler in einer 25-Variation mit Wiederholung (es können ja mehrere Schüler am gleichen Tag Geburtstag haben) zusammenfassen.

(121, 34, 266, 87, …, 328, 9) wäre beispielsweise eine solche 25-Variation: Schüler A hat am 121. Tag des Jahres Geburtstag, Schüler B am 34. Tag, Schüler C am 266. Tag usw.
Der Ergebnisraum Ω ist folglich die Menge aller 25-Variationen *mit* Wiederholung aus der Menge aller 365 Tage ($n = 365$, $k = 25$).

Für die Mächtigkeit $|\Omega|$ gilt daher: $|\Omega| = V_{(\text{mW})} = 365^{25}$

Das Ereignis E besteht dagegen nur aus den günstigen Fällen, das sind die 25-Variationen, in denen *mindestens* zwei Zahlen gleich sind.
Die Menge E abzuzählen ist selbst mit unseren kombinatorischen Hilfsmitteln eine zu umfangreiche Rechenarbeit. Wesentlich einfacher dagegen ist es, das Gegenereignis $\overline{E}$ abzuzählen:

$\overline{E}$: „Alle 25 Schüler haben an *verschiedenen* Tagen Geburtstag."

Da in einer solchen 25-Variation aus $\overline{E}$ eine Wiederholung von Zahlen ausgeschlossen ist, besteht die Menge $\overline{E}$ aus allen 25-Variationen *ohne* Wiederholung der Zahlen von 1 bis 365. Diese Menge abzuzählen haben wir im letzten Abschnitt gelernt. Mit der Zählformel für Variationen ohne Wiederholung ($n = 365$, $k = 25$) erhalten wir:

$$|\overline{E}| = V_{(\text{oW})} = \frac{365!}{(365-25)!} = \frac{365!}{340!}$$

Mit diesen Fakultäten dürfte der eine oder andere unserer Taschenrechner überfordert sein, also kürzen wir den Bruch von Hand:

$$|\overline{E}| = \frac{365!}{340!} = 365 \cdot 364 \cdot 363 \cdot \ldots \cdot 341$$

Dieses Produkt lässt sich mit dem Taschenrechner ermitteln und damit lässt sich auch die Wahrscheinlichkeit von E berechnen:

$$P(E) = 1 - P|\overline{E}| = 1 - \frac{|\overline{E}|}{|\Omega|} = 1 - \frac{365 \cdot 364 \cdot 363 \cdot \ldots \cdot 341}{365^{25}} = 0{,}569 = 56{,}9\,\%$$

Die Wahrscheinlichkeit, dass mindestens 2 von 25 Personen am gleichen Tag des Jahres Geburtstag haben, ist mit 57 % erstaunlich hoch. Bei 50 Personen beträgt sie bereits 97 %, bei 70 Personen sogar 99,9 %.
Forschen Sie einmal im Jahresbericht Ihrer Schule nach, Sie werden überrascht sein.

Beispiel

Beispiel 2:
Ein LAPLACE-Würfel wird dreimal geworfen. Mit welcher Wahrscheinlichkeit erhält man dreimal die gleiche Augenzahl?

Das gesuchte Ereignis E besteht aus allen 3-Variationen mit gleichen Ziffern aus der Menge {1, 2, 3, 4, 5, 6}; wir erhalten $E = \{1\,1\,1, 2\,2\,2, 3\,3\,3, 4\,4\,4, 5\,5\,5, 6\,6\,6\}$ mit $|E| = 6$.

Da Wiederholungen von Augenzahlen gerade das charakteristische Merkmal des betrachteten Ereignisses E sind, muss der vollständige Ergebnisraum Ω dieses Zufallsexperiments die Menge aller 3-Variationen *mit Wiederholung* aus den Zahlen 1 bis 6 sein ($n = 6$, $k = 3$).

Für die Mächtigkeit von Ω ergibt sich daher: $|\Omega| = V_{(mW)} = 6^3 = 216$

Die gesuchte Wahrscheinlichkeit $P(E)$ beträgt damit $\frac{6}{6^3} = \frac{1}{36}$.

Übrigens erhält man den gleichen Wert für $P(E)$, wenn man 3 Würfel gleichzeitig wirft, denn 3 LAPLACE-Würfel fallen unabhängig voneinander gleichzeitig genauso zufällig wie 1 LAPLACE-Würfel dreimal nacheinander. (Vorausgesetzt, man lässt die *Reihenfolge* der geworfenen Augenzahlen außer Betracht.)

Beispiel

Beispiel 3:
In einer Urne liegen 26 kleine Kugeln, auf denen je ein Buchstabe unseres Alphabets aufgedruckt ist. Man zieht nacheinander 3 Kugeln ohne Zurücklegen und bildet auf diese Weise ein „Wort" aus 3 Buchstaben.
Mit welcher Wahrscheinlichkeit enthält das Wort 3 Vokale, z. B. *aui* oder *eao*?

1. Lösungsweg:

Die gezogenen Kugeln werden nicht in die Urne zurückgelegt, eine Wiederholung von Elementen (hier: Buchstaben) ist nicht möglich. Da aber die Buchstaben entsprechend den Griffen in die Urne *nacheinander* angeordnet

werden und da wir nicht alle Kugeln aus der Urne ziehen, erhalten wir als Ergebnisraum Ω die Menge aller 3-Variationen ohne Wiederholung aus den 26 Buchstaben (ohne Wiederholung, mit Anordnung, nicht alle Elemente werden benutzt).
Seine Mächtigkeit beträgt: $|\Omega| = V_{(oW)} = \frac{26!}{(26-3)!} = \frac{26!}{23!} = 15600$

Die für das Ereignis E günstigen Ergebnisse sind nur die 3-Variationen – ohne Wiederholung – aus den 5 Vokalen a, e, i, o, u.
Damit erhalten wir: $|E| = V_{(oW)} = \frac{5!}{(5-3)!} = \frac{5!}{2!} = 60$

Die gesuchte Wahrscheinlichkeit ist dann $P(E) = \frac{60}{15600} = \frac{1}{260}$.

Da in der Aufgabenstellung eigentlich nur nach dem ungeordneten Ergebnis der 3 gezogenen Kugeln gefragt ist, können wir die Aufgabe statt mit Variationen (mit Anordnung) auch mit Kombinationen (ohne Anordnung) lösen. Dementsprechend muss man den Ergebnisraum aus Kombinationen statt aus Variationen aufbauen:

2. Lösungsweg:

Greift man die 3 Kugeln gleichzeitig heraus, erhält man den Ergebnisraum aller 3-Kombinationen ohne Wiederholung aus der Menge der 26 Buchstaben, der Deutlichkeit halber in aufzählender Schreibweise:
$\Omega = \{\{a, b, c\}, \{a, b, d\}, \{a, b, e\}, \ldots, \{x, y, z\}\}$

Mit unserer Zählformel für Kombinationen ohne Wiederholung ($n = 26, k = 3$) erhalten wir: $|\Omega| = K_{(oW)} = \binom{26}{3} = 2600$

Die für das Ereignis E günstigen Ergebnisse sind die 3-Kombinationen, die aus den 5 Vokalen gebildet werden, also:
$E = \{\{a, e, i\}, \{a, e, o\}, \{a, e, u\}, \ldots, \{i, o, u\}\}$

Mit der gleichen Zählformel ($n = 5, k = 3$) erhalten wir $|E| = \binom{5}{3} = 10$.

Wir sehen: $P(E) = \frac{10}{2600} = \frac{1}{260}$ ist der gleiche Wert wie oben.

Aufgaben

27 Wie groß ist die Wahrscheinlichkeit, beim Werfen von 5 Würfeln genau zweimal eine „Sechs" zu erzielen?

28 Ein für Skat geeignetes Kartenspiel enthält 32 Karten, darunter 4 Buben.
30 Spielkarten werden an die drei Spieler ausgeteilt, die beiden restlichen Karten bleiben verdeckt im „Skat" auf dem Tisch liegen.
Berechnen Sie die Wahrscheinlichkeit, dass im Skat 2 Buben liegen.

3.3 Urnenmodelle

Viele LAPLACE-Experimente lassen sich durch ein **Urnenmodell** simulieren: Die Urne enthält bestimmte Dinge, symbolisiert durch Kugeln, die mit bestimmten Merkmalen wie Farben oder Zahlen versehen sind. Man greift der Reihe nach oder gleichzeitig eine gewisse Anzahl von Kugeln heraus und notiert jedes Mal das Ergebnis, zum Beispiel: „3 Kugeln sind rot und 2 Kugeln sind schwarz."

Dies kann *ohne* Zurücklegen der gezogenen Kugeln geschehen (der Urneninhalt ändert sich nach jedem Zug) oder *mit* Zurücklegen der gezogenen Kugeln (der Urneninhalt bleibt vor und nach jedem Zug derselbe) oder gleichzeitig mit einem Griff. (Dies ist gleichbedeutend mit „ohne Zurücklegen", wie schon am Anfang von Kapitel 3 gesagt wurde.)
Auf jeden Fall wird der Ergebnisraum bei einem großen Urneninhalt oder vielen Zügen unübersichtlich und das Baumdiagramm wird wegen der vielen Verzweigungen zu ausladend.

Wir suchen deshalb nach rechnerischen Lösungswegen und stellen uns dazu folgende allgemeine Aufgabe:

Wie groß ist die Wahrscheinlichkeit, bei einem Griff von n Kugeln aus der Urne (*ohne* oder *mit* Zurücklegen) genau s Kugeln mit einem bestimmten Merkmal zu erhalten?

Anstatt das allgemeingültige Lösungsverfahren einfach nur zur Kenntnis zu nehmen, wollen wir in den beiden nächsten Abschnitten das Problem mit relativ kleinen Zahlen n und s mit den uns bekannten Hilfsmitteln wie Zählformeln (Tabelle am Ende von Abschnitt 3.1) bzw. Baumdiagrammen bearbeiten und daraus allgemeine Lösungsformeln entwickeln, die dann für beliebig große Zahlen n und s gültig sind.

3.3.1 Ziehen ohne Zurücklegen

Eine Urne enthalte 3 rote und 4 schwarze Kugeln. Man greift zufällig 3 Kugeln nacheinander heraus, ohne die jeweils gezogene Kugel zurückzulegen.
Mit welcher Wahrscheinlichkeit sind unter den 3 gezogenen Kugeln *genau* 2 schwarze Kugeln?

Für die Lösung legt die Aufgabenstellung mit ihren kleinen Größen $n = 3$ und $s = 2$ ein Baumdiagramm nahe, wie es im Abschnitt 2.3 „Mehrstufige Zufallsexperimente" beschrieben ist.
Während dieses dreistufige Zufallsexperiment mithilfe des Baumes und der beiden Pfadregeln noch recht übersichtlich zu lösen ist, erfordert ein Baumdiagramm bei vielen Verzweigungen aber einen Aufwand, der in keinem Verhältnis zum gewünschten Ergebnis steht. Den Ansatz zu einem anderen Lösungsweg liefert uns die Aufgabenstellung selbst:

In der Aufgabe wird nämlich nicht nach den Einzelergebnissen der drei Züge gefragt (was im Baumdiagramm eine wichtige Sache ist), sondern lediglich nach dem Endergebnis „2 schwarze Kugeln, 1 rote Kugel" ohne irgendeine Reihenfolge oder Anordnung. Daraus entnehmen wir, dass wir es mit *Kombinationen* zu tun haben. Versuchen wir einmal, das Beispiel mit diesem Ansatz zu knacken!

Der Unterschied zu früheren Aufgaben liegt nun darin, dass nicht nur die Kombinationen aus *einer* Sorte von Kugeln das Ergebnis bestimmen (schwarze Kugeln), sondern auch Kombinationen aus einer zweiten Sorte von Kugeln (rote Kugeln). Denkbar wären auch Kombinationen aus drei und mehr Sorten von Kugeln.

In unserem konkreten Urnenproblem sollen aus 7 Kugeln mit einem Griff 3 Kugeln gezogen werden. (Oder nacheinander ohne Zurücklegen, was ja auf dasselbe Ergebnis hinausläuft.)
Die Ergebnisse sind bei jedem Versuch die 3-Kombinationen ohne Wiederholung aus 7 (einzeln unterscheidbaren) Kugeln. Wir schreiben den Ergebnisraum an (r ist rot, s ist schwarz):

$\Omega = \{ \{r1, r2, r3\}, \{r1, r2, s1\}, \{r1, r3, s1\}, \ldots, \{s2, s3, s4\} \}$

Diese Darstellung der Elemente von Ω ist im Detail für die weitere Berechnung unwichtig. Wichtig ist nur: Ω besteht aus allen 3-Kombinationen ohne Wiederholung, die aus einer Menge mit 7 Elementen gebildet werden können. Man erhält das bekante Lotto-Prinzip „3 aus 7".

Es gilt: $|\Omega| = \binom{7}{3} = 35$

Das Ereignis E, für das wir uns interessieren, besagt, dass die gezogenen drei Kugeln sich aus zwei schwarzen und einer roten Kugel zusammensetzen.
Analog zum Fall „2 Buben im Skat" aus Aufgabe 28 beschäftigen wir uns jetzt mit 2 schwarzen Kugeln statt mit 2 Buben und klären, auf wie viele Arten die 2 schwarzen Kugeln sich aus der Menge der insgesamt 4 schwarzen Kugeln in der Urne zusammensetzen können. Wie es zu der später zu betrachtenden dritten gezogenen Kugel kommt, spielt für die Kombinationen der schwarzen Kugeln keine Rolle.

Die schwarzen Kugeln können jeweils nur einmal gezogen werden, Anordnung gibt es keine, also gibt es wieder nach dem Lotto-Prinzip $\binom{4}{2} = 6$ Möglichkeiten, wie die zwei gezogenen schwarzen aus dem Gesamtvorrat an vier schwarzen Kugeln zusammengesetzt sein könnten.

Dazu kommt nun, dass jede dieser „schwarzen" Möglichkeiten auf alle Kombinationen treffen kann, nach denen die rote Kugel gezogen wird. Für die roten Kugeln gelten im Prinzip die gleichen Überlegungen wie für die schwarzen Kugeln:

Nach dem Lotto-Prinzip gibt es „1 aus 3“ Möglichkeiten für die rote Kugel, also $\binom{3}{1} = 3$.

Insgesamt sind das nach der Produktbildung $\binom{4}{2} \cdot \binom{3}{1} = 6 \cdot 3 = 18$ günstige Ergebnisse für das Ereignis E.

Damit erhalten wir die Wahrscheinlichkeit $P(E) = \frac{|E|}{|\Omega|} = \frac{18}{35}$ für den Fall, dass unter den 3 Kugeln *genau* 2 schwarze sind.

Das Ereignis E: „Genau 2 Kugeln sind schwarz“ können wir auch anders formulieren:
„Die Anzahl X der gezogenen schwarzen Kugeln beträgt 2.“

Angelehnt an diese Formulierung schreiben wir in Zukunft statt $P(E)$ lieber $P(X = 2)$.

Das Beispiel lässt sich auf den Allgemeinfall übertragen. Wir sprechen dann von einem *Urnenmodell*:
Aus einer Menge von Dingen wird eine beliebige Stückzahl zufällig entnommen. Unter den entnommenen Stücken soll eine bestimmte Anzahl das gleiche Merkmal besitzen.

Werden die Dinge gleichzeitig oder nacheinander ohne Zurücklegen entnommen, liegt das **1. Urnenmodell** vor.

Satz vom 1. Urnenmodell

Wenn man aus einer Urne mit N Kugeln, von denen S schwarz sind, n Kugeln herausgreift, so gilt für die Wahrscheinlichkeit, dass sich darunter genau s schwarze Kugeln befinden:

$$P(X = s) = \frac{\binom{S}{s} \cdot \binom{N-S}{n-s}}{\binom{N}{n}}$$

Regel

Unser Beispiel entspricht genau dieser Formel:
Kugeln in der Urne: $N = 7$, $S = 4$ (schwarz), $N - S = 3$ (rot bzw. nichtschwarz)
Gezogene Kugeln: $n = 3$, $s = 2$ (schwarz), $n - s = 1$ (rot bzw. nichtschwarz)

Beispiel

Beispiel 1:
In einer Lostrommel befinden sich 1000 Lose, davon 850 Nieten und 150 Gewinne. Jemand kauft 10 Lose.
Mit welcher Wahrscheinlichkeit sind genau 3 Treffer darunter?

Zunächst legen wir die 4 Variablen N, S, n, s fest. Da nach der Anzahl der Treffer, also der Gewinnlose, gefragt ist, werden wir die Anzahl aller vorhandenen Gewinnlose mit S und die Anzahl X der gekauften Gewinnlose mit s bezeichnen:
$N = 1000$ Lose, $S = 150$ Gewinne, $n = 10$ Lose, $s = 3$ Treffer.

Nun berechnen wir die Wahrscheinlichkeit des Ereignisses E:

$$P(X = 3) = \frac{\binom{150}{3} \cdot \binom{850}{7}}{\binom{1000}{10}} = 0{,}13 = 13\,\%$$

Beispiel

Beispiel 2:
In der Schülerzeitung „Abakus" wird unter den Schülern eine Umfrage nach dem beliebtesten Lehrer durchgeführt. 40 Lehrkräfte stehen zur Auswahl, 17 Herren und 23 Damen.
Mit welcher Wahrscheinlichkeit befinden sich auf den ersten 10 Plätzen:

a) 6 Damen und 4 Herren?

b) mindestens 1 Herr?

Wir können bei der Vergabe der Größen S und s zwischen Damen und Herren wählen; wir entscheiden uns für die Herren, weil in beiden Teilaufgaben nach der Anzahl von Herren gefragt wird.

a) Die Gesamtzahl der Lehrer beträgt $N = 40$. Davon sind $S = 17$ Herren.

   $n = 10$, da nur die Belegung der ersten 10 Plätze betrachtet wird.
   $s = 4$, da 4 Herren auf diesen Plätzen zu finden sind.

   Mit der Formel für das 1. Urnenmodell berechnen wir die gesuchte Wahrscheinlichkeit:

$$P(X = 4) = \frac{\binom{17}{4}\binom{40-17}{10-4}}{\binom{40}{10}} = \frac{\binom{17}{4}\binom{23}{6}}{\binom{40}{10}} = 0{,}28 = 28\,\%$$

b) Die drei Zahlen $N = 40$, $S = 17$ und $n = 10$ haben sich nicht geändert. Da *mindestens* 1 Herr unter den 10 Plätzen zu finden ist, muss die Zahl s die Zahlen von 1 bis 10 durchlaufen. Streng genommen müssten wir dazu die Wahrscheinlichkeiten $P(X = 1)$ bis $P(X = 10)$ nach der Formel des 1. Urnenmodells einzeln berechnen und addieren.

Wesentlich geschickter ist es, die Wahrscheinlichkeit des *Gegenereignisses* $\overline{E}$ zu berechnen, denn das Gegenteil von „mindestens 1 Herr" ist bekanntlich „kein Herr", was $s = 0$ zur Folge hat.

Wir berechnen also zunächst die Wahrscheinlichkeit $P(\overline{E})$:

$$P(X=0) = \frac{\binom{17}{0}\binom{40-17}{10-0}}{\binom{40}{10}} = \frac{\binom{17}{0}\binom{23}{10}}{\binom{40}{10}} = 0{,}00135$$

und erhalten daraus die Wahrscheinlichkeit des gesuchten Ereignisses E:
$P(X \geqq 1) = 1 - P(X=0) = 1 - 0{,}00135 = 0{,}99865 = 99{,}9\,\%$

Man kann ruhig davon ausgehen, dass sich an besagter Schule mindestens 1 Herr unter den ersten 10 Plätzen der Beliebtheitsskala befinden wird.

---

29 Ein Skatspiel wird ausgeteilt (vgl. Aufgabe 28). Jeder Spieler erhält 10 Karten.
Wie groß ist die Wahrscheinlichkeit, dass ein bestimmter Spieler, etwa der Austeiler, in seinem Blatt genau 3 Buben findet?

Aufgabe

3.3.2 Ziehen mit Zurücklegen

Wir denken uns wieder die Urne mit den 3 roten und 1 schwarzen Kugeln. Es werden wieder 3 Kugeln gezogen, diesmal aber *mit Zurücklegen* jeder gezogenen Kugel.
Mit welcher Wahrscheinlichkeit sind dieses Mal unter den gezogenen Kugeln *genau* 2 schwarze?

Wir erinnern uns: Das Ziehen von Kugeln aus einer Urne, eine nach der anderen, ist nur dann durch einen einzigen Griff zu ersetzen, wenn die Kugeln *nicht* zurückgelegt werden. Nur dann ist der wiederholte Griff auf ein- und dieselbe Kugel ausgeschlossen und es gilt der Satz vom 1. Urnenmodell.
Das ist bei dem neu gestellten Problem dieses Abschnitts nicht mehr der Fall, die Kugeln werden nach dem Zug wieder in die Urne zurückgelegt. Damit liegt ein anderes Urnenmodell vor, eines, das statt der Kombinationen ohne Wiederholung die Kombinationen mit Wiederholung als Ergebnisse benutzt. Allerdings sind die Zählformeln für die Kombinationen *mit* Wiederholung am schwierigsten (vgl. die Tabelle im Abschnitt 3.1)!

Da das Ziehen mit Zurücklegen zu sehr einfachen Zugwahrscheinlichkeiten führt, könnte sich ein Versuch mit den Pfadregeln eines Baumdiagramms durchaus lohnen. Die Wahrscheinlichkeiten, eine schwarze oder eine rote

Kugel herauszugreifen, beträgt nämlich bei jedem Zug $\frac{4}{7}$ bzw. $\frac{3}{7}$. Im ganzen Zufallsexperiment kommen, wie viele Züge es auch haben mag, nur diese beiden Zugwahrscheinlichkeiten vor.
Dies erleichtert uns erheblich die Berechnung (eine umfassende Zeichnung des Baumes ist nicht mehr nötig): Jeder Pfad, der in seinem dreistufigen Verlauf 2 schwarze und 1 rote Kugel aufweist, egal in welcher Reihenfolge, führt zu einer Ereigniswahrscheinlichkeit von $\left(\frac{4}{7}\right)^2 \cdot \frac{3}{7}$.

Da es nun genau drei solche Pfade gibt (ihre Zugfolgen lauten schwarz-schwarz-rot, schwarz-rot-schwarz und rot-schwarz-schwarz), addieren sich ihre Wahrscheinlichkeiten nach der 2. Pfadregel zu $3 \cdot \left(\frac{4}{7}\right)^2 \cdot \frac{3}{7}$.

Laut Aufgabenstellung sollte die Anzahl X der gezogenen schwarzen Kugeln gleich 2 sein. Damit können wir die Wahrscheinlichkeit dieses Ereignisses wieder in unserer neuen Schreibweise formulieren:

$$P(X = 2) = 3 \cdot \left(\frac{4}{7}\right)^2 \cdot \frac{3}{7} = \frac{144}{343} = 0{,}42$$

Auch im allgemeinen Fall finden wir die Lösung mithilfe des Baumdiagramms leichter als durch Abzählen der Kombinationen mit Wiederholung, die das Ereignis E und den Ergebnisraum Ω bilden.

Die Beschreibung des allgemeinen Zufallsexperiments mit Zurücklegen ist dieselbe wie beim 1. Urnenmodell:
Unter den N Kugeln befinden sich S schwarze, und unter den n gezogenen Kugeln sollen am Ende s schwarze sein.

Die Wahrscheinlichkeit, irgendeine Kugel aus einer Urne mit N Kugeln zu ziehen, beträgt $\frac{1}{N}$. Will man eine *schwarze* Kugel ziehen, beträgt die Wahrscheinlichkeit dafür $\frac{S}{N}$ (es liegen ja S schwarze Kugeln in der Urne). Die letzte Wahrscheinlichkeit nennen wir abgekürzt p $\left(p = \frac{S}{N}\right)$, nicht zu verwechseln mit der Wahrscheinlichkeit $P(E)$ eines beliebigen Ereignisses E.
Dann ist die Wahrscheinlichkeit, aus N Kugeln eine *nichtschwarze* Kugel zu ziehen: $q = 1 - p$

Die beiden Werte p und q ändern sich nicht, solange aus der Urne mit Zurücklegen gezogen wird, der Urneninhalt bleibt ja immer gleich.
Jeder Pfad – beim Ziehen mit Zurücklegen –, der in seinem Verlauf bis zum Ende s schwarze und $n - s$ andersfarbige Kugeln enthält, hat als Resultat die Wahrscheinlichkeit $p^s \cdot q^{n-s}$, vgl. das Eingangsbeispiel mit $P(X = 2)$.

Nun muss man nur noch wissen: Wie viele Pfade des Baumes gibt es denn, die in ihrem gesamten Verlauf genau s gezogene schwarze Kugeln enthalten?

Jeder Pfad besteht aus n Zügen. Also gibt es nach dem Lotto-Prinzip $\binom{n}{s}$ Möglichkeiten, s „schwarze" Züge bei n Zügen zu erzielen. Mit anderen Worten: Es gibt $\binom{n}{s}$ günstige Pfade.

Nach der 2. Pfadregel ergibt sich dann für das Ereignis E:

$$P(X = s) = \binom{n}{s} p^s \cdot q^{n-s}$$

Das Ergebnis dieses Urnenmodells haben wir mithilfe des Baumdiagramms gewonnen.

Prinzipiell ist es unerheblich, ob man ein Urnenmodell mit einem Baumdiagramm oder mit der Kombinatorik beweist. Mit kombinatorischen Hilfsmitteln wäre die Herleitung aber schwieriger verlaufen.

Das Ergebnis unserer Überlegungen zum 2. Urnenmodell lautet:

Satz vom 2. Urnenmodell

Wenn man aus einer Urne, deren Anteil schwarzer Kugeln p sei, n Kugeln *mit Zurücklegen* herausgreift, so gilt für die Wahrscheinlichkeit $P(X = s)$, dass sich darunter genau s schwarze Kugeln befinden:

$$P(X = s) = \binom{n}{s} \cdot p^s \cdot (1-p)^{n-s}$$

Regel

Sie werden die Formeln der beiden Urnenmodelle in vielen Aufgaben anwenden. Zur Unterscheidung wollen wir die beiden Urnenmodelle mit ihren Formeln gegenüberstellen:

Urneninhalt: N Kugeln, davon S schwarze Kugeln Gezogen: n Kugeln, davon s schwarze Kugeln	
Ziehen ohne Zurücklegen	**Ziehen mit Zurücklegen**
$P_{(oZ)}(X = s) = \dfrac{\binom{S}{s} \cdot \binom{N-S}{n-s}}{\binom{N}{n}}$	$P_{(mZ)}(X = s) = \binom{n}{s} \cdot p^s \cdot (1-p)^{n-s}$ mit $p = \dfrac{S}{N}$

Beiden Formeln werden wir wieder begegnen: Im Abschnitt 5.1 „Wahrscheinlichkeitsverteilungen" wird die Formel für $P_{(oZ)}(X = s)$ bei einer *hypergeometrischen Verteilung* Anwendung finden, und im Kapitel 6 „Binomialverteilung" wird die Formel für $P_{(mZ)}(X = s)$ als sogenannte *BERNOULLI-Formel* eine Berechnung von Wahrscheinlichkeiten in BERNOULLI-Ketten ermöglichen.

Beispiel

Beispiel 1:
Eine Urne enthält 5 rote, 4 schwarze und 7 weiße Kugeln. Wie groß ist die Wahrscheinlichkeit, dass man beim Ziehen von 3 Kugeln mit Zurücklegen

a) genau 1 weiße Kugel;
b) keine rote Kugel;
c) mindestens 1 schwarze Kugel zieht?

Für alle Teilaufgaben gilt: $N = 16$ und $n = 3$

a) Die Urne enthält $S = 7$ weiße Kugeln, unter den 3 gezogenen Kugeln befindet sich genau 1 weiße, also $s = 1$. Daraus folgt $p(\text{weiß}) = \frac{7}{16}$ und $1 - p(\text{weiß}) = \frac{9}{16}$.
Wir wenden die Formel für das 2. Urnenmodell an und erhalten:
$$P(X = 1) = \binom{3}{1} \cdot \left(\frac{7}{16}\right)^1 \cdot \left(\frac{9}{16}\right)^2 = \frac{1701}{4096} = 41{,}5\,\%$$

b) Die Zahlen S und s werden jetzt auf die Farbe Rot bezogen: Die Urne enthält 5 rote Kugeln, unter den 3 gezogenen Kugeln soll sich aber keine rote befinden; es gilt also $S = 5, s = 0, p(\text{rot}) = \frac{5}{16}$ und $1 - p(\text{rot}) = \frac{11}{16}$.
Die Anwendung der Formel ergibt jetzt:
$$P(X = 0) = \binom{3}{0} \cdot \left(\frac{5}{16}\right)^0 \cdot \left(\frac{11}{16}\right)^3 = 32{,}5\,\%$$

c) Im letzten Fall soll von den 4 schwarzen Kugeln in der Urne mindestens 1 schwarze Kugel gezogen werden.
Wir haben es hier mit einer *Mindestensaufgabe* zu tun, also berechnen wir die Wahrscheinlichkeit des gesuchten Ereignisses aus der Wahrscheinlichkeit des Gegenereignisses (vgl. Aufgaben 15 und 16)!

Das Gegenereignis besagt, dass *keine* der gezogenen Kugeln schwarz ist. Die Daten für die Farbe Schwarz lauten also $S = 4, s = 0$.
Außerdem gilt: $p(\text{schwarz}) = \frac{4}{16}$ und $1 - p(\text{schwarz}) = \frac{12}{16}$

Die Wahrscheinlichkeit für mindestens eine schwarze Kugel ist dann:
$$P(X \geqq 1) = 1 - P(X = 0) = 1 - \binom{3}{0} \cdot \left(\frac{4}{16}\right)^0 \cdot \left(\frac{12}{16}\right)^3 = 57{,}8\,\%$$

Aufgaben, die nach dem Muster des 2. Urnenmodells aufgebaut und deshalb mit der Formel des Satzes vom 2. Urnenmodell zu lösen sind, müssen nicht unbedingt eine Urne mit Kugeln beinhalten:

Beispiel

Beispiel 2:
Eine Fabrik stellt Schrauben mit einer Ausschussquote von 8 % her. Mit welcher Wahrscheinlichkeit befinden sich unter 15 zufällig aus einer Lieferung herausgegriffenen Schrauben genau 2 fehlerhafte?

Wenn wir annehmen, dass die **Stichprobe** bei einer Ware mit sehr hohen Stückzahlen vorgenommen wird, zum Beispiel aus einer Kiste mit Nägeln oder Schrauben, dann ist es unerheblich, ob die Probe mit oder ohne Zurücklegen erfolgt: Die *Ausschussquote* p, also die Wahrscheinlichkeit, eine fehlerhafte Schraube herauszugreifen, kann bei einer solchen Stichprobe als konstant angesehen werden.
Aus diesem Grund dürfen wir das 2. Urnenmodell in guter Näherung anwenden:

$$P(X=2)=\binom{15}{2}\cdot 0{,}08^2\cdot 0{,}92^{13}=22{,}7\,\%$$

Wie Sie an diesem Beispiel gesehen haben, muss man für Berechnungen nach dem 2. Urnenmodell die Zahlenwerte für N und S, also die Größe des „Urneninhaltes", nicht unbedingt kennen!

Merke!

> Bei Stichproben aus einer Menge mit sehr vielen Stücken gilt in guter Näherung das 2. Uhrenmodell, denn die Wahrscheinlichkeit des Stichprobenergebnisses ist konstant.
> Die Anzahl der entnommenen Stücke muss klein gegenüber der Gesamtmenge sein.

Beispiel

Beispiel 3:
In einer Straße mit Tempo 30 fahren erfahrungsgemäß 40 % der Autofahrer zu schnell. Wie groß ist die Wahrscheinlichkeit dafür, dass von 100 überprüften Fahrzeugen 40 schneller als erlaubt gefahren sind?

Im ersten Moment sind wir vielleicht versucht, die Antwort „100 Prozent" zu geben, da doch tatsächlich 40 % schneller gefahren sind. Das wäre aber das *sichere* Ereignis, was natürlich in unserem Beispiel nicht eintreten wird. Die Rechnung ergibt vielmehr:

$$P(X=40)=\binom{100}{40}\cdot 0{,}4^{40}\cdot 0{,}6^{60}=8{,}1\,\%$$

Diese Wahrscheinlichkeit liegt weit unter 100 %, sie ist aber dennoch größer als die Wahrscheinlichkeit aller anderen Ereignisse. Das soll heißen: das Ereignis, dass beispielsweise 30 oder 50 Fahrer schneller als erlaubt fahren, tritt mit einer kleineren Wahrscheinlichkeit als 8,1 % ein.
Überzeugen Sie sich selbst durch folgende Rechnung:

Mit welcher Wahrscheinlichkeit fahren 30 von 100 Fahrern schneller als erlaubt?

$$P(X=30)=\binom{100}{30}\cdot 0{,}4^{30}\cdot 0{,}6^{70}=1{,}0\,\%$$

Aufgaben

30 Ein Bridge-Spiel besteht aus 52 Karten, darunter 4 Asse. Man mischt gründlich und legt 13 Karten aufgedeckt hin.
Mit welcher Wahrscheinlichkeit findet man unter den 13 Karten

a) kein Ass?
b) genau ein Ass?
c) mindestens ein Ass?
d) höchstens ein Ass?
e) genau 4 Asse?

31 Zur Vorbereitung auf eine Prüfung gibt die Prüfungskommission einen Katalog von 20 Themen heraus. In der Prüfung werden dem Prüfling 2 Themen daraus vorgelegt, davon muss er eines bearbeiten.

a) Herr Pfiffikus bereitet sich nur auf zwei der 20 Themen vor. Wie groß ist die Wahrscheinlichkeit, dass er genau eines dieser beiden Themen vorgelegt bekommt?

b) Frau Schlaumeier dagegen bereitet sich auf 14 der 20 Themen vor. Wie groß ist die Wahrscheinlichkeit, dass sie mindestens ein vorbereitetes Thema vorgelegt bekommt?

32 In den Sommerferien fahren 30 Kinder, darunter 18 Mädchen, ins Ferienlager. Während des 20-tägigen Aufenthalts wird jeden Tag unter allen Kindern ein Kind ausgelost, das beim Küchendienst helfen muss.
Mit welcher Wahrscheinlichkeit trifft das Los in den 20 Tagen

a) nur Mädchen?
b) genau 11-mal ein Mädchen?
c) genau 6-mal einen Jungen?
d) mindestens einen Jungen?

Aufgabe 32 kann uns eine schlaue Vereinfachung für den Umgang mit dem 2. Urnenmodell lehren:

Wenn p und q nicht angegeben sind, dann sucht man zuerst nach N und S und berechnet p und q daraus. Damit sind N und S „verbraucht" und die Zuordnung von n und $X = s$ wird nun viel übersichtlicher!

33 Eine Urne enthält 13 rote und 9 grüne Kugeln und soll als Spielgerät für ein Glücksspiel benutzt werden. Ein Spieler gewinnt, wenn er beim Ziehen von 10 Kugeln genau 5 rote Kugeln erhält. Soll er lieber ohne oder mit Zurücklegen ziehen?

4 Unabhängigkeit von Ereignissen

In Abschnitt 1.6 hatten wir zwischen vereinbaren und unvereinbaren Ereignissen unterschieden. Sind zwei Ereignisse A und B vereinbar, gilt für die Wahrscheinlichkeit ihrer Schnittmenge: $P(A \cap B) \neq 0$

Das bedeutet, dass die Ereignisse A und B Elemente gemeinsam haben. Es stellt sich nun die Frage, ob sich die beiden Ereignisse auch gegenseitig beeinflussen oder nicht. Wirkt sich das Eintreten des einen Ereignisses auf das Eintreten des anderen aus oder nicht?

Beispiel

Beispiel 1:

Von 500 zufällig ausgewählten Erwachsenen sind 80 Vegetarier und 200 Nichtraucher. Außerdem sind 32 Personen beides zugleich. Das ergibt folgende Verteilung:

	Vegetarier	kein Vegetarier	Summe
Nichtraucher	32	168	200
Raucher	48	252	300
Summe	80	420	500

Wir stellen fest: Der Anteil der Nichtraucher unter den Vegetariern ist genauso groß wie der Anteil der Nichtraucher unter allen befragten Personen, nämlich $\frac{32}{80} = \frac{200}{500} = 0{,}4$.

In unserem fiktiven Beispiel, das im Übrigen durchaus eintreten könnte, würde man die Eigenschaften „Vegetarier sein" und „Nichtraucher" für *voneinander unabhängig* erklären.

In einer 4-Felder-Tafel mit den Ereignissen A: „Die befragte Person ist Vegetarier" und B: „Die befragte Person ist Nichtraucher" berechnen wir nun aus den gegebenen Zahlenwerten sämtliche auftretenden relativen Häufigkeiten:

	A	$\overline{A}$	
B	0,064	0,336	0,400
$\overline{B}$	0,096	0,504	0,600
	0,160	0,840	1,000

Die relativen Häufigkeiten in der Tafel verhalten sich spaltenweise gleich, es gilt beispielsweise:

$$\frac{0{,}064}{0{,}160} = \frac{0{,}400}{1{,}000} \quad \Rightarrow \quad 0{,}064 = 0{,}160 \cdot 0{,}400$$

Dies ist identisch mit der Gleichung $h_n(A \cap B) = h_n(A) \cdot h_n(B)$.
Ist diese Gleichung für eine große Zahl n von befragten Personen erfüllt, können wir sie auch für Wahrscheinlichkeiten benutzen.

Wir nehmen diesen Zusammenhang zum Anlass für folgende Definition:

Definition

Zwei Ereignisse A und B heißen **stochastisch unabhängig**, wenn gilt:

$P(A \cap B) = P(A) \cdot P(B)$

Andernfalls heißen A und B **stochastisch abhängig**.

Sehen wir uns die Vierfeldertafel genauer an! In den drei restlichen Feldern $\overline{A} \cap B$, $A \cap \overline{B}$ und $\overline{A} \cap \overline{B}$ erfüllen die Wahrscheinlichkeiten analoge Gleichungen wie im Feld $A \cap B$. So ist beispielsweise $P(\overline{A} \cap B) = 0{,}336$ genauso groß wie das Produkt $P(\overline{A}) \cdot P(B) = 0{,}840 \cdot 0{,}400 = 0{,}336$.

Folgender Schluss ist daher richtig:

Regel

Wenn die Ereignisse A und B stochastisch unabhängig sind, dann sind auch die Ereignisse $\overline{A}$ und B, A und $\overline{B}$, $\overline{A}$ und $\overline{B}$ stochastisch unabhängig.

Anders formuliert: Die stochastische Unabhängigkeit zweier Ereignisse bleibt erhalten, wenn man ein Ereignis durch das Gegenereignis ersetzt.

Die stochastische Unabhängigkeit zweier Ereignisse lässt sich nach diesem Satz in einer 4-Felder-Tafel rechnerisch nachprüfen:

Merke!

Bei stochastischer Unabhängigkeit zweier Ereignisse ist die Wahrscheinlichkeit eines Feldes in der 4-Felder-Tafel gleich dem Produkt der Wahrscheinlichkeiten der zugehörigen Zeile und der zugehörigen Spalte.

Es ist wichtig, die beiden Begriffe *unabhängig* und *unvereinbar* genau zu unterscheiden:

- Sind A und B stochastisch *unabhängig*, gilt die *Produktregel*:

  $P(A \cap B) = P(A) \cdot P(B)$

  Die stochastische Unabhängigkeit von A und B hängt *nur* von der Wahrscheinlichkeitsverteilung ab.
- Sind A und B *unvereinbar*, gilt die *Summenregel*:

  $P(A \cup B) = P(A) + P(B)$

  Denn nach Abschnitt 1.6 gilt zwar $P(A \cup B) = P(A) + P(B) - P(A \cap B)$, aber $P(A \cap B)$ nimmt wegen der Unvereinbarkeit von A und B den Wert null an.

  Die Unvereinbarkeit von zwei Ereignissen ist nur durch den Ergebnisraum festgelegt, aus dem beide als Teilmengen hervorgehen. Die Wahrscheinlichkeitsverteilung *P*, die im Abschnitt 5.1 vorgestellt wird, hat *keinen* Einfluss darauf, sie kann ganz beliebig sein.

Sind A und B stochastisch unabhängig, gilt $P(A \cap B) = P(A) \cdot P(B)$.
Sind A und B unvereinbar, gilt $P(A \cup B) = P(A) + P(B)$.

Merke!

Beispiel

Beispiel 2:
Bei einem Würfelexperiment mit einem idealen Würfel werden die Ergebnisse $A = \{2, 4, 6\}$ und $B = \{1, 3, 5\}$ betrachtet.

Da $A \cap B$ die leere Menge ist, sind A und B unvereinbar: $P(A \cap B) = 0$
Andererseits ist $P(A) = P(B) = 0{,}5$. Bildet man das Produkt $P(A) \cdot P(B) = 0{,}25$, sieht man sogleich:

$P(A \cap B) \neq P(A) \cdot P(B)$
$0 \neq 0{,}25$

Die beiden Ereignisse A und B sind also stochastisch abhängig.

Aus dem Beispiel wird ersichtlich, dass *unvereinbare Ereignisse immer stochastisch abhängig* sind.
In einem weiteren Experiment können wir die Abhängigkeit bzw. Unabhängigkeit besonders gut nachvollziehen:

Beispiel

Beispiel 3:
Eine Urne enthält 2 weiße und 3 schwarze Kugeln. Es werden ohne Zurücklegen 2 Kugeln gezogen. Zwei Ereignisse werden betrachtet:
A: „Die 1. Kugel ist schwarz."
B: „Die 2. Kugel ist schwarz."

Die nötigen Wahrscheinlichkeiten $P(\mathrm{A})$, $P(\mathrm{B})$ und $P(\mathrm{A} \cap \mathrm{B})$ bestimmt man am besten mit einem Baumdiagramm:

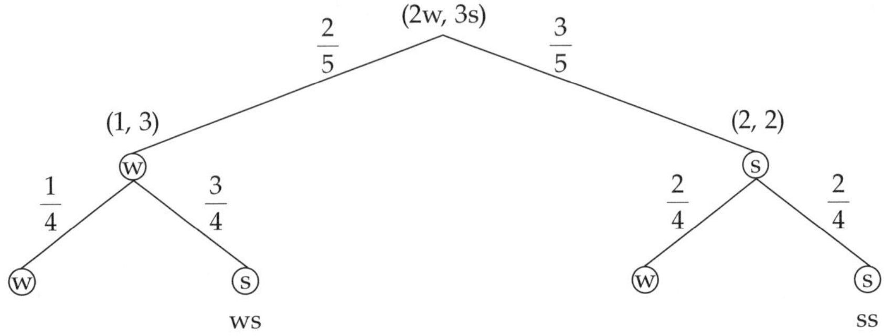

Für die Ereignisse A und B berechnen wir folgende Wahrscheinlichkeiten:

$$P(\mathrm{A}) = \frac{3}{5}; \quad P(\mathrm{B}) = P(\{\mathrm{ws}, \mathrm{ss}\}) = \frac{2}{5} \cdot \frac{3}{4} + \frac{3}{5} \cdot \frac{2}{4} = \frac{3}{5}$$

Andererseits ist $P(\mathrm{A} \cap \mathrm{B}) = P(\{\mathrm{ss}\}) = \frac{3}{5} \cdot \frac{2}{4} = \frac{3}{10}$

Wir erhalten: $P(\mathrm{A} \cap \mathrm{B}) = \frac{3}{10} \neq \frac{3}{5} \cdot \frac{3}{5} = P(\mathrm{A}) \cdot P(\mathrm{B})$

Damit sind die Ereignisse A und B stochastisch abhängig, der erste Zug beeinflusst also den zweiten Zug. (Die Einflussnahme äußert sich in der geänderten Wahrscheinlichkeit für den zweiten Zug als Folge des Ziehens *ohne* Zurücklegen.)

Hätte man *mit* Zurücklegen gezogen, wären A und B sicherlich unabhängige Ereignisse, wie man an der folgenden Rechnung sieht:

$$\left.\begin{aligned} P(\mathrm{A}) &= \frac{3}{5} \text{ wie oben} \\ P(\mathrm{B}) &= \frac{2}{5} \cdot \frac{3}{5} + \frac{3}{5} \cdot \frac{3}{5} = \frac{6}{25} + \frac{9}{25} = \frac{15}{25} = \frac{3}{5} \end{aligned}\right\} \quad P(\mathrm{A} \cap \mathrm{B}) = \frac{3}{5} \cdot \frac{3}{5} = \frac{9}{25}$$

Jetzt ergibt sich eine Gleichheit: $P(\mathrm{A} \cap \mathrm{B}) = \frac{9}{25} = \frac{3}{5} \cdot \frac{3}{5} = P(\mathrm{A}) \cdot P(\mathrm{B})$

Aufgabe 34 Füllen Sie für den Fall, dass A und B stochastisch unabhängige Ereignisse sind, die Vierfeldertafel aus.

	A	$\overline{\mathrm{A}}$	
B	0,03		
$\overline{\mathrm{B}}$			0,9

Die stochastische Unabhängigkeit von 3 Ereignissen A, B und C gestaltet sich ähnlich wie bei 2 Ereignissen. Zur Veranschaulichung eignet sich eine 8-Felder-Tafel, die von den Ereignissen A, B, C, $\overline{\mathrm{A}}$, $\overline{\mathrm{B}}$ und $\overline{\mathrm{C}}$ aufgebaut wird. Die 8-Felder-Tafel finden Sie übrigens in Abschnitt 1.7 „Ereignisalgebra".

Wir setzen fest (ein Beweis würde zu weit führen):

Die Ereignisse A, B und C sind stochastisch unabhängig, wenn *alle* folgenden Gleichheiten erfüllt sind:

$$P(A \cap B) = P(A) \cdot P(B)$$
$$P(B \cap C) = P(B) \cdot P(C)$$
$$P(A \cap C) = P(A) \cdot P(C)$$
$$P(A \cap B \cap C) = P(A) \cdot P(B) \cdot P(C)$$

Beispiel

Beispiel 4:
Drei Bogenschützen treffen unabhängig voneinander das Zentrum der Scheibe mit den Wahrscheinlichkeiten 0,4, 0,6 und 0,7. Jeder schießt einmal. Mit welcher Wahrscheinlichkeit wird das Zentrum genau einmal getroffen?

Das Treffen bzw. Nichttreffen der drei Schützen müssen wir in entsprechenden Ereignissen A, B, C und ihren Gegenereignissen verankern.

A: „Schütze A trifft"; $P(A) = 0{,}4, \; P(\overline{A}) = 0{,}6$
B: „Schütze B trifft"; $P(B) = 0{,}6, \; P(\overline{B}) = 0{,}4$
C: „Schütze C trifft"; $P(C) = 0{,}7, \; P(\overline{C}) = 0{,}3$

Da das Ziel genau einmal getroffen wird, muss einer der drei Schützen treffen und die beiden anderen nicht. Dies lässt sich in folgendem Ereignis ausdrücken:

$$E = (A \cap \overline{B} \cap \overline{C}) \cup (\overline{A} \cap B \cap \overline{C}) \cup (\overline{A} \cap \overline{B} \cap C)$$

Die Wahrscheinlichkeit dieses Ereignisses können wir nach Abschnitt 2.2 berechnen:

$$P(E) = P(A \cap \overline{B} \cap \overline{C}) + P(\overline{A} \cap B \cap \overline{C}) + P(\overline{A} \cap \overline{B} \cap C)$$

Wegen der stochastischen Unabhängigkeit der Ereignisse A, B, C, $\overline{A}$, $\overline{B}$ und $\overline{C}$ dürfen wir dafür schreiben:

$$P(E) = P(A) \cdot P(\overline{B}) \cdot P(\overline{C}) + P(\overline{A}) \cdot P(B) \cdot P(\overline{C}) + P(\overline{A}) \cdot P(\overline{B}) \cdot P(C)$$

Setzen wir die gegebenen Werte ein, erhalten wir:

$$P(E) = 0{,}4 \cdot 0{,}4 \cdot 0{,}3 + 0{,}6 \cdot 0{,}6 \cdot 0{,}3 + 0{,}6 \cdot 0{,}4 \cdot 0{,}7 = 0{,}324$$

Aufgabe

35 In der Anwesenheitsliste eines Kurses sind die Fehltage durch „–", das Zuspätkommen durch „+" und die ordnungsgemäße Anwesenheit durch „*" gekennzeichnet. Vier Teilnehmer werden herausgegriffen:

Alexander	–	*	*	*	*	*	+	+	*	*	–	–	*	–	*	–
Bernhard	*	–	*	*	*	+	+	*	*	*	*	*	*	–	–	–
Carola	*	*	*	*	*	*	*	*	*	*	–	–	+	–	+	–
Diana	*	*	*	+	+	+	*	*	*	*	+	+	+	+	+	*

a) Ist das Fehlen von Alexander und Carola stochastisch unabhängig?
b) Ist das Zuspätkommen von Bernhard und Diana stochastisch unabhängig?

5 Die Zufallsgröße

Eine Münze wird viermal geworfen. Bei jedem einzelnen Wurf stellen wir ein Ergebnis fest: „Wappen“ oder „Zahl“. Bei einem viermaligen Münzwurf ist es naheliegend, nach der Anzahl der geworfenen Wappen bzw. Zahlen zu fragen.

Wir legen zunächst einen geeigneten Ergebnisraum eines LAPLACE-Experiments zugrunde. Ein vierfacher Münzenwurf stellt eine 4-Variation mit Wiederholung aus der Menge {Wappen (W), Zahl (Z)} dar, etwa WZWW.
Alle diese 4-Variationen zusammen bilden den Ergebnisraum:

$$\Omega = \{WWWW, WWWZ, WWZW, \ldots, ZZZZ\}$$

Wir setzen $n = 2$ und $k = 4$ in die entsprechende Zählformel für Variationen mit Wiederholung ein (Abschnitt 3.1.1) und erhalten: $|\Omega| = 2^4 = 16$

Wir erinnern uns:
Ereignisse sind unvereinbar, wenn sie keine gemeinsamen Ergebnisse enthalten.

Gemäß der Anzahl der bei einem Elementarereignis geworfenen Wappen (das sind die Zahlen 0, 1, 2, 3, 4) lässt sich nun der Ergebnisraum Ω in fünf unvereinbare Ereignisse einteilen. Jedes der 16 Ergebnisse ist in *genau einem* der fünf Ereignisse enthalten.

$E_0 = \{ZZZZ\}$ (0 Wappen)
$E_1 = \{WZZZ, ZWZZ, ZZWZ, ZZZW\}$ (1 Wappen)
$E_2 = \{WWZZ, WZWZ, WZZW, ZWWZ, ZWZW, ZZWW\}$ (2 Wappen)
$E_3 = \{WWWZ, WWZW, WZWW, ZWWW\}$ (3 Wappen)
$E_4 = \{WWWW\}$ (4 Wappen)

Jedem Ergebnis ω aus Ω lässt sich mit dieser Liste der Ereignisse die Anzahl der geworfenen Wappen zuordnen, also eine der Zahlen 0, 1, 2, 3, 4. Damit liegt eine *Funktion* vor, die jedem Element ω aus Ω in eindeutiger Weise ein Element der Menge {0, 1, 2, 3, 4} zuordnet!
Diese Funktion nennen wir **Zufallsgröße** und benennen sie ähnlich wie in der Analysis ($f, g, h, \ldots$) mit einem großen lateinischen Buchstaben, vorzugsweise mit X, Y oder Z.

Lassen Sie sich von dem Wort *Zufallsgröße* nicht verwirren! Eine Zufallsgröße ist keine Zahl, die in einem Zufallsexperiment zufällig herauskommt, sondern eine *Vorschrift*, die jedem zufällig entstehenden Ergebnis einen ganz genau bestimmten Zahlenwert zuordnet.

Definition

Eine Funktion X, die jedem Ergebnis ω eines Ergebnisraums Ω genau eine reelle Zahl zuordnet, heißt **Zufallsgröße X auf Ω**.

Wie in der Analysis verwendet man auch hier die allgemein übliche Schreibweise für Funktionen:

$$X\colon \omega \mapsto x = X(\omega) \qquad \text{Definitionsmenge } D_X = \Omega$$

Unterscheiden Sie in dieser Schreibweise genau zwischen der Funktion, also der Zufallsgröße X, und ihren Funktionswerten x!
Alle Funktionswerte bilden zusammen die Wertemenge der Funktion X. Außerdem sind alle Funktionswerte reelle Zahlen. Wir verwenden zur Erläuterung die Wertemenge $W_X = \{0, 1, 2, 3, 4\}$ und einen Ergebnisraum mit der Mächtigkeit 6: $\Omega = \{\omega_1, \omega_2, \omega_3, \omega_4, \omega_5, \omega_6\}$

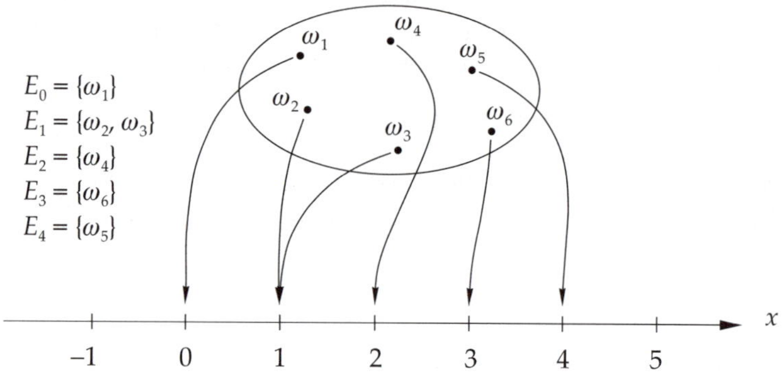

Beispiel

Beispiel 1:
Wirft man 3 Würfel aus einem Würfelbecher, lässt sich leicht die Augensumme, also die Summe der drei Augenzahlen, feststellen. Die Zufallsgröße X heißt in diesem Fall *Augensumme* und ordnet jedem Wurf den Wert x zu.

Nach dieser Vorschrift wird beispielsweise dem Wurf 3 6 5 der Zahlenwert 14 zugeordnet $(3 + 6 + 5 = 14)$.
Die Wertemenge der Funktion X lautet demnach $W_X = \{3, 4, 5, 6, \dots, 18\}$.

Beispiel

Beispiel 2:
Beim Roulette wählen wir als Ergebnisraum $\Omega = \{0, 1, 2, 3, \dots, 36\}$.
Ich setze auf das Ereignis „erstes Dutzend", also auf die Menge $\{1, 2, \dots, 12\}$.
Tritt das Ereignis ein, fällt also die Kugel auf eine der Zahlen von 1 bis 12, erhalte ich das Doppelte meines Einsatzes als Gewinn, andernfalls verliere ich meinen Einsatz.

Die Zufallsgröße X ordnet nun jedem Element aus Ω, also jeder der Zahlen von 0 bis 36, entweder den Wert 2 für Gewinn oder –1 für Verlust zu:

$$X(\omega) = \begin{cases} 2 \text{ für } \omega \in \{1, 2, 3, \ldots, 12\} \\ -1 \text{ für } \omega \in \{0, 13, 14, \ldots, 36\} \end{cases}$$

Die Wertmenge von X besteht also nur aus den beiden Zahlen 2 und –1: $W_X = \{2, -1\}$

36 Ein Wurf von 3 Würfeln wird Dreierpasch genannt, wenn alle 3 Würfel die gleiche Augenzahl zeigen. In einem Würfelspiel wird ein Dreierpasch mit dem Vierfachen der jeweiligen Augenzahl gewertet, beispielsweise werden 3 Sechsen mit 24 gewertet. Alle übrigen Würfe werden mit 0 gewertet.
Beschreiben Sie eine Zufallsgröße, die diese Wertung kennzeichnet.

Aufgabe

5.1 Wahrscheinlichkeitsverteilungen

Durch die Einführung einer Zufallsgröße wird der Ergebnisraum immer in verschiedene unvereinbare Ereignisse zerlegt (in unserem Eingangsbeispiel waren es die Ereignisse E_0, E_1, E_2, E_3, E_4 entsprechend den Funktionswerten 0, 1, 2, 3, 4 aus W_X).
Jedes dieser Ereignisse tritt mit einer bestimmten Wahrscheinlichkeit ein, die entweder von vornherein gegeben ist oder mit den Zählformeln aus dem Abschnitt 3.1 „Kombinatorik“ berechnet wird.

Dadurch wird jedem Element x aus $W_X = \{0, 1, 2, 3, 4\}$ eine ganz bestimmte Wahrscheinlichkeit zugeordnet, in unserem Eingangsbeispiel sieht diese Zuordnung so aus:

x	0	1	2	3	4
$P(X(\omega) = x)$	$\frac{1}{16}$	$\frac{4}{16}$	$\frac{6}{16}$	$\frac{4}{16}$	$\frac{1}{16}$
	Summe = 1				

Die Zuordnung der Werte x der Zufallsgröße X auf die Wahrscheinlichkeiten nennt man **Wahrscheinlichkeitsverteilung der Zufallsgröße X auf Ω**.

Definition

Im Mengendiagramm lassen sich die beiden Zuordnungen

$$X: \omega \mapsto x \qquad \text{und} \qquad P: x \mapsto P(X = x)$$

zusammen veranschaulichen:

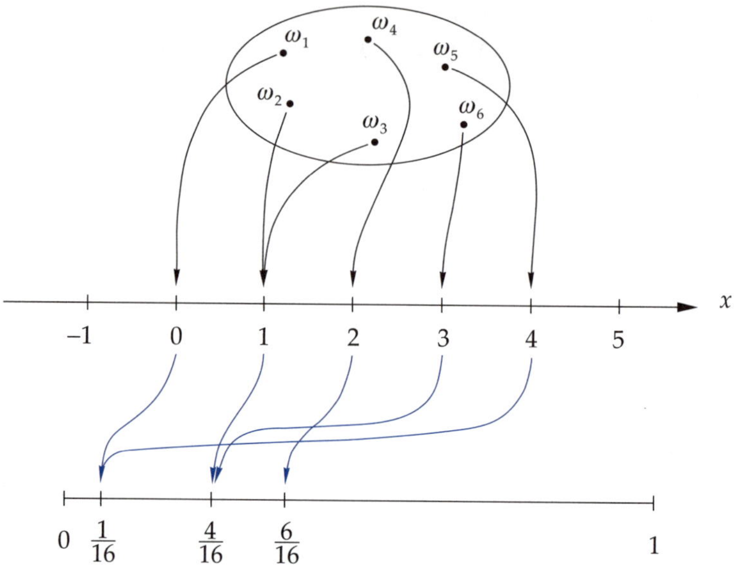

Die Zuordnung, die durch die Wahrscheinlichkeitsverteilung $P: x \mapsto P(X=x)$ vorgenommen wird, erfährt außerdem eine besondere grafische Darstellung, deren Formalismus wir bereits bei den relativen Häufigkeiten in Abschnitt 2.1 kennengelernt haben, nämlich das Stab- oder Balkendiagramm:

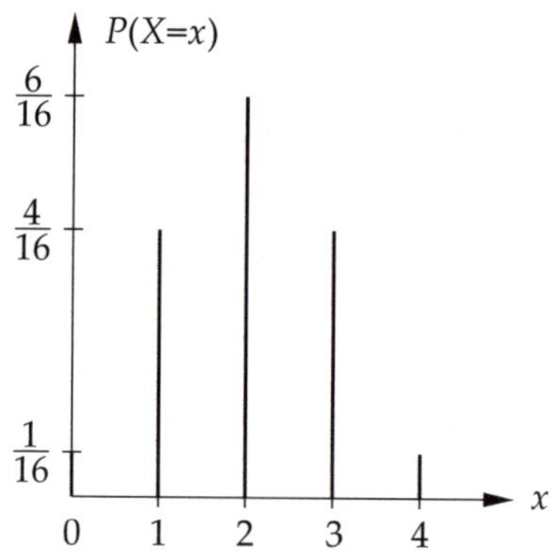

Viel anschaulicher wird die Wahrscheinlichkeitsverteilung durch *Histogramme*. Beim Histogramm kann man zwar die Breite der Rechtecksstreifen beliebig wählen, man muss aber darauf achten, dass die Streifen*flächen* im Diagramm-Maßstab genauso groß werden wie die zugehörigen Wahrscheinlichkeitswerte.

Nach diesem Prinzip müssen in unserem Beispiel des vierfachen Münzwurfs die Streifen in jedem Fall die Flächenmaße $\frac{1}{16}$, $\frac{4}{16}$ und $\frac{6}{16}$ besitzen. Die Höhe des Streifens richtet sich daher nach der zuvor gewählten Breite Δx.

Die Summe aller Streifenflächen ergibt in jedem Histogramm immer den Wert 1.

Histogramm mit
Breite $\Delta x = 1$.

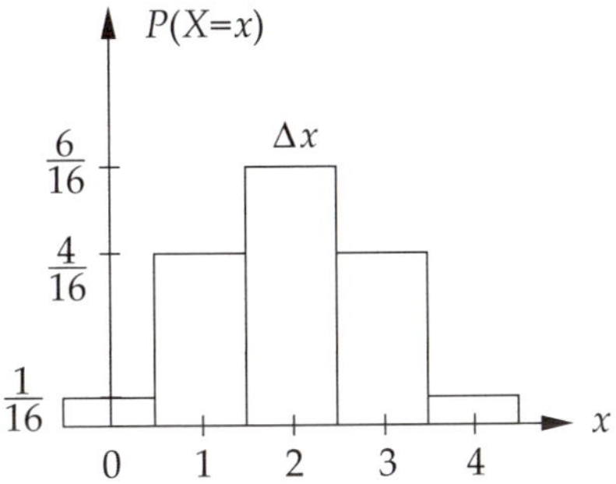

Histogramm mit
Breite $\Delta x = 0{,}5$.

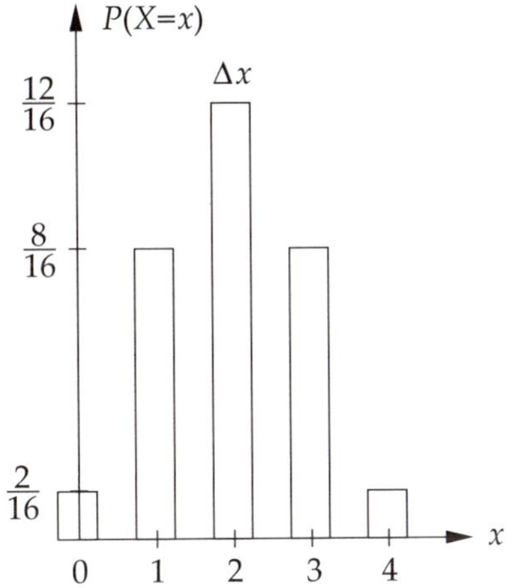

Merke!

Um jeden Wert x aus W_X wird im Histogramm ein Intervall Δx gezeichnet (z. B. $\Delta x = 1$, $\Delta x = 2$, $\Delta x = 0{,}5$, …).
Die zugeordnete Wahrscheinlichkeit $P(X = x)$ wird dann durch das Maß der Rechtecksfläche dargestellt.

Eine Grundlage für weitere schöne Beispiele zur Wahrscheinlichkeitsverteilung stellen die beiden Urnenmodelle aus Abschnitt 3.3 dar:

Beispiel

In einer Kiste liegen 12 Glühlampen, von denen 4 defekt sind. Man nimmt zufällig 3 Lampen heraus, und zwar
a) ohne Zurücklegen; b) mit Zurücklegen.

Die Zufallsgröße X sei die Anzahl der herausgenommenen defekten Glühlampen. Wie sieht die Wahrscheinlichkeitsverteilung aus?

Im Fall a) erinnern wir uns an den Satz vom 1. Urnenmodell im Abschnitt 3.3.1, in dem die Wahrscheinlichkeit des Ereignisses E: „Genau s schwarze Kugeln unter n gezogenen“ beschrieben wird:
Mit der Abzählformel dieses Satzes berechnen wir die Wahrscheinlichkeit in den Fällen, in denen X die Werte 0, 1, 2 und 3 annimmt:

$$P(X=0) = \frac{\binom{4}{0}\cdot\binom{8}{3}}{\binom{12}{3}} = 0{,}25; \qquad P(X=1) = \frac{\binom{4}{1}\cdot\binom{8}{2}}{\binom{12}{3}} = 0{,}51$$

$$P(X=2) = \frac{\binom{4}{2}\cdot\binom{8}{1}}{\binom{12}{3}} = 0{,}22; \qquad P(X=3) = \frac{\binom{4}{3}\cdot\binom{8}{0}}{\binom{12}{3}} = 0{,}02$$

Das ergibt folgende Verteilung:

x	0	1	2	3
$P(X = x)$	0,25	0,51	0,22	0,02

Diese Verteilung $P(X = s)$, die zum 1. Urnenmodell, also zum Ziehen ohne Zurücklegen gehört, nennt man **hypergeometrische Verteilung**.

Für den Fall b) benutzen wir in analoger Weise das 2. Urnenmodell aus Abschnitt 3.3.2. (Der Anteil der defekten Lampen ist $p = \frac{4}{12} = \frac{1}{3}$.)

$$P(X = 0) = \binom{3}{0} \cdot \left(\frac{1}{3}\right)^0 \cdot \left(\frac{2}{3}\right)^3 = 0{,}30; \qquad P(X = 1) = \binom{3}{1} \cdot \left(\frac{1}{3}\right)^1 \cdot \left(\frac{2}{3}\right)^2 = 0{,}44$$

$$P(X = 2) = \binom{3}{2} \cdot \left(\frac{1}{3}\right)^2 \cdot \left(\frac{2}{3}\right)^1 = 0{,}22; \qquad P(X = 3) = \binom{3}{3} \cdot \left(\frac{1}{3}\right)^3 \cdot \left(\frac{2}{3}\right)^0 = 0{,}04$$

Die berechneten Werte gehören zu einer *Binomialverteilung*, die wir in Kapitel 6 näher untersuchen werden:

x	0	1	2	3
$P(X = x)$	0,30	0,44	0,22	0,04

Ergänzen Sie jetzt das Beispiel, indem Sie für die Fälle a) und b) jeweils ein Histogramm mit der Streifenbreite $\Delta x = 1$ zeichnen.

Aufgaben

37 Jemand setzt beim Roulette (vgl. Beispiel 2 dieses Kapitels) auf ein Carré, z. B. auf das Carré {17, 18, 20, 21}. Fällt die Kugel auf eine dieser vier Zahlen, hat er gewonnen. Er erhält dann zusätzlich zu seinem Einsatz das Achtfache seines Einsatzes als reinen Gewinn ausbezahlt. Andernfalls verliert er seinen Einsatz. Die Zufallsgröße X soll den Reingewinn in € kennzeichnen.

a) Geben Sie die Wahrscheinlichkeitsverteilung von X für den Einsatz von 1 € des Spielers in einer Tabelle an.

b) Zeichnen Sie ein Histogramm mit der Intervallbreite $\Delta x = 1$.

38 Beim Spiel Chuck-a-luck („Wirf dein Glück") nennt der Spieler eine Zahl zwischen 1 und 6 und würfelt dann mit drei Würfeln. Je nachdem, ob die von ihm genannte Augenzahl ein-, zwei- oder dreimal erscheint, gewinnt er 1, 2 oder 3 €. Zeigt dagegen kein Würfel die gewählte Augenzahl, verliert er seinen Einsatz von 1 €. X sei der Reingewinn eines Spielers bei einem Spiel.

a) Stellen Sie einen Ergebnisraum Ω auf, in dem die Wurfergebnisse 3-Kombinationen mit Wiederholung aus der Menge {1, 2, 3, 4, 5, 6} sind.
b) Schreiben Sie X als Funktion des Wurfergebnisses $\omega \in \Omega$ auf, wenn man die „Eins" gewählt hat.
c) Berechnen Sie die Wahrscheinlichkeitsverteilung von X.

Es wäre nun interessant zu wissen, ob ein Teilnehmer an Spielen wie Chuck-a-luck auf lange Sicht Gewinn oder Verlust macht.
Um dies herauszufinden, muss man die Werte 3, 2, 1 und –1 € mit ihren Wahrscheinlichkeiten wichten. Damit werden wir uns im Abschnitt 5.3.1 „Der Erwartungswert" beschäftigen. So viel sei allerdings verraten: Auf Dauer macht der Spieler beim Chuck-a-luck mit einem Einsatz von 1 € bei jedem Spiel 7,9 ct Verlust.

5.2 Die kumulative Verteilungsfunktion

Wir greifen wieder den vierfachen Münzwurf vom Anfang des Kapitels 5 auf und erinnern uns an die resultierende Wahrscheinlichkeitsverteilung, zu der wir in Abschnitt 5.1 gelangt waren:

x	0	1	2	3	4
$P(X) = x)$	$\frac{1}{16}$	$\frac{4}{16}$	$\frac{6}{16}$	$\frac{4}{16}$	$\frac{1}{16}$

Die Kenntnis der Wahrscheinlichkeiten $P(X = x)$ erlaubt uns nach der 2. Pfadregel (Abschnitt 2.3), allgemeine Ereignisse der Form $0 \leqq X \leqq b$ oder $a \leqq X \leqq b$ auf ihre Wahrscheinlichkeiten zu untersuchen.
Wir erhalten anhand der Werte aus der Tabelle beispielsweise:

$$P(X \leq 1) = P(X = 0) + P(X = 1) = \frac{1}{16} + \frac{4}{16} = \frac{5}{16} = 0{,}31 \quad \text{oder:}$$

$$P(2 \leqq X \leqq 4) = P(X = 2) + P(X = 3) + P(X = 4) = 1 - P(X \leqq 1) = 0{,}69$$

Wir sehen daraus, dass die Wahrscheinlichkeit $P(X \leqq b)$ bei all diesen Berechnungen eine wichtige Rolle spielt, und definieren sie deshalb als einen eigenständigen Begriff:

Definition

Wenn X eine Zufallsgröße mit der Wertemenge $W_X = \{x_1, x_2, \ldots, x_4\}$ ist, dann heißt die in $\mathbb{R}$ definierte Funktion F mit

$$F(x) = P(X \leqq x) = \sum_{x_i \leqq x} P(X = x_i)$$

kumulative oder **summierte Verteilungsfunktion** der Zufallsgröße X auf (Ω, P).

Um diese neue Funktion zu verstehen und richtig einzuordnen, sind doch einige Erläuterungen hilfreich:

Was stellt der Funktionswert $F(x)$ dar, wenn x irgendeine reelle Zahl ist?

Den Funktionswert $F(x)$ erhält man, wie in der Definition steht, durch *Kumulieren*, also durch Addition aller Wahrscheinlichkeiten $P(X = x_i)$, für die x_i kleiner oder gleich x ist. Wir wollen dies wieder am Beispiel des vierfachen Münzenwurfs nachvollziehen:
Grundlage für die kumulative Verteilungsfunktion ist die Wahrscheinlichkeitsverteilung $P(X = x)$, die wir der Tabelle entnehmen. Die Addition dieser Werte ergibt dann den Funktionswert $F(x)$ an der betreffenden Stelle x.

Zunächst wollen wir die Funktionswerte $F(x)$ an den *ganzzahligen* Werten x berechnen:

$$F(0) = P(X \leqq 0) = P(X = 0) = \frac{1}{16}$$

$$F(1) = P(X \leqq 1) = P(X = 0) + P(X = 1) = \frac{1}{16} + \frac{4}{16} = \frac{5}{16}$$

$$F(2) = P(X = 0) + P(X = 1) + P(X = 2) = \frac{5}{16} + \frac{6}{16} = \frac{11}{16}$$

$$F(3) = P(X = 0) + P(X = 1) + P(X = 2) + P(X = 3) = \frac{11}{16} + \frac{4}{16} = \frac{15}{16}$$

$$F(4) = P(X = 0) + P(X = 1) + P(X = 2) + P(X = 3) + P(X = 4) = \\ = \frac{15}{16} + \frac{1}{16} = \frac{16}{16} = 1$$

Für einen x-Wert *zwischen* den ganzzahligen Werten wie beispielweise $x = 1{,}8$ erhält man:

$$F(1{,}8) = P(X \leqq 1{,}8) = P(X = 0) + P(X = 1) = \frac{5}{16}$$

oder für $x = 2{,}3$:

$$F(2{,}3) = P(X = 0) + P(X = 1) + P(X = 2) = \frac{11}{16}$$

In der allgemeinen Zusammenfassung lautet die Darstellung von $F(x)$ wie folgt:

$x < 0$: $\quad F(x) = 0$

$0 \leqq x < 1$: $\quad F(x) = P(X = 0) = \frac{1}{16}$

$1 \leqq x < 2$: $\quad F(x) = P(X = 0) + P(X = 1) = \frac{1}{16} + \frac{4}{16} = \frac{5}{16}$

$2 \leqq x < 3$: $\quad F(x) = P(X = 0) + P(X = 1) + P(X = 2) = \frac{5}{16} + \frac{6}{16} = \frac{11}{16}$

$3 \leqq x < 4$: $\quad F(x) = P(X = 0) + P(X = 1) + P(X = 2) + P(X = 3) = \frac{11}{16} + \frac{4}{16} = \frac{15}{16}$

$x \geqq 4$: $\quad F(x) = P(X = 0) + \ldots + P(X = 4) = \frac{15}{16} + \frac{1}{16} = 1$

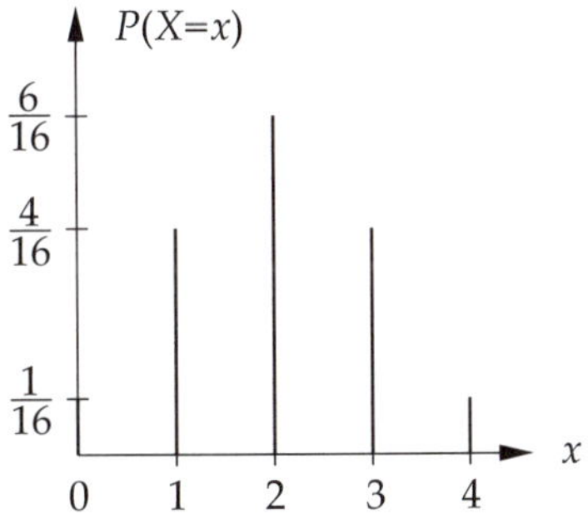

Stabdiagramm

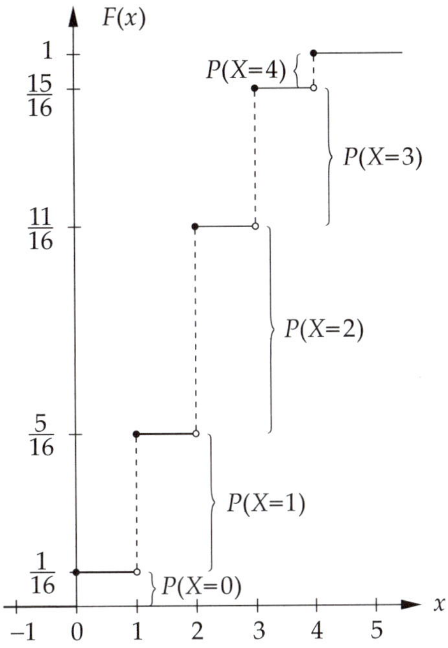

Graph der Verteilungsfunktion F

Beachten Sie:

Die kumulative Verteilungsfunktion F hat an den Stellen $x = x_i$ eine endliche Sprungstelle, sie ist an diesen Stellen nur rechtsseitig stetig!

Außerdem gilt für die in $\mathbb{R}$ definierte Funktion F: $\lim\limits_{x \to -\infty} F(x) = 0$ und $\lim\limits_{x \to \infty} F(x) = 1$

Die wichtigsten Beziehungen zwischen der Verteilung P und ihrer kumulativen Verteilungsfunktion F lauten:

$P(X \leqq a) = F(a)$ **I**

$P(a < X \leqq b) = F(b) - F(a)$ **II**

$P(X = x_i) = F(x_i) - F(x_{i-1})$ **III**

Merke!

Wir wollen diese Beziehungen auf der nächsten Seite an einem Beispiel überprüfen und festigen!

Beispiel

An den Stellen $x_1 = 1$, $x_2 = 3$, $x_3 = 6$ und $x_4 = 10$ liege folgende Wahrscheinlichkeitsverteilung vor:

$P(X = 1) = 0{,}15; \quad P(X = 3) = 0{,}25; \quad P(X = 6) = 0{,}40; \quad P(X = 10) = 0{,}20$

I $F(6) = P(X \leqq 6) = P(X = 1) + P(X = 3) + P(X = 6) = 0{,}15 + 0{,}25 + 0{,}40 = 0{,}80$
$F(4{,}2) = P(X \leqq 4{,}2) = P(X = 1) + P(X = 3) = 0{,}15 + 0{,}25 = 0{,}40$

II $F(6) - F(2{,}7) = P(2{,}7 < X \leqq 6) = P(X = 3) + P(X = 6) = 0{,}25 + 0{,}40 = 0{,}65$
$F(9) - F(5) = P(5 < X \leqq 9) = P(X = 6) = 0{,}40$

III $F(x_4) - F(x_3) = F(10) - F(6) = P(X = 10) = 0{,}20$
$F(x_3) - F(x_2) = F(6) - F(3) = P(X = 6) = 0{,}40$
$F(x_2) - F(x_1) = F(3) - F(1) = P(X = 3) = 0{,}25$

Aufgaben

39 Eine Zufallsgröße X nimmt die Werte -1, 0 und 1 an mit den Wahrscheinlichkeiten $P(X = -1) = 0{,}2$, $P(X = 0) = 0{,}6$ und $P(X = 1) = 0{,}2$. Bestimmen Sie die Funktionswerte $F(x)$ der kumulativen Verteilungsfunktion F für $-\infty < x < \infty$ und zeichnen Sie ihren Graphen.

40 Bei manchen Würfelspielen kommt man erst ins Spiel, wenn man eine „Sechs" würfelt. Die Zufallsgröße X sei die Nummer des Wurfes, bei dem man zum ersten Mal die „Sechs" würfelt.
Für die Bearbeitung der folgenden Teilaufgaben ist es vorteilhaft, die Wahrscheinlichkeitsverteilung der Zufallsgröße X zu kennen. Berechnen Sie also zunächst die Wahrscheinlichkeiten $P(X = x)$ von $x = 1$ bis $x = 6$.

a) Wie groß ist die Wahrscheinlichkeit, beim 3. Wurf erstmals die „Sechs" zu würfeln?
b) Bestimmen Sie die Werte der kumulativen Verteilungsfunktion F für das Intervall $0 < x < 7$.
c) Berechnen Sie die Wahrscheinlichkeit, bei den ersten 3 Würfen keine „Sechs" zu bekommen, also $P(X > 3)$.
d) Berechnen Sie $P(X \leqq 6)$. Wie heißt das zugehörige Ereignis im Wortlaut?
e) Berechnen Sie $P(3 \leqq X \leqq 6)$.

5.3 Maßzahlen von Zufallsgrößen

5.3.1 Der Erwartungswert

In einem Spielkasino wird folgendes Glücksspiel angeboten: Man wirft einen Würfel 4-mal und gewinnt seinen Einsatz hinzu, wenn man *keine* „Sechs" würfelt, sonst ist der Einsatz verloren.

Sehen wir uns einmal die Gewinnbilanz aus der Sicht des Kasinos an! Die Verlustwahrscheinlichkeit des Spielkasinos beträgt nach der 1. Pfadregel $\left(\frac{5}{6}\right)^4 = 0{,}482$, die Gewinnwahrscheinlichkeit dagegen $1 - 0{,}482 = 0{,}518$. Damit zieht der Spieler bei diesem Spiel den Kürzeren. Auf Dauer gewinnt das Spielkasino, und so sieht die Bilanz nach vielen Einsätzen aus:

- Mit der Wahrscheinlichkeit 0,518 wird der Einsatz des Spielers einbehalten, das ergibt bei 1000 Einsätzen von 1 € einen mittleren Gewinn von 518 €.
- Mit der Wahrscheinlichkeit von 0,482 muss dagegen 1 € ausbezahlt werden, was einer mittleren Auszahlung von 482 € entspricht.
- Dem Kasino bleibt also bei 1000 Einsätzen zu 1 € ein mittlerer Gewinn von 518 € – 482 € = 36 €.

Auf den einzelnen Einsatz von 1 € bezogen bedeutet dies, dass das Kasino pro Spiel einen Gewinn von $1 \cdot 0{,}518$ € + $(-1) \cdot 0{,}482$ € = 0,036 € macht.
Jeder eingesetzte Euro wirft also auf lange Sicht 3,6 Cent Gewinn ab.

Die Zufallsgröße X sei der Gewinnsaldo des Spielkasinos mit den Werten $x_1 = 1$ für den Einzug und $x_2 = -1$ für die Auszahlung des Einsatzes.
Die zugehörigen Wahrscheinlichkeiten lauten dann $P(X = 1) = 0{,}518$ und $P(X = -1) = 0{,}482$.
Das Kasino erwartet also pro Spiel einen Gewinn von:

$$x_1 \cdot P(X = x_1) + x_2 \cdot P(X = x_2) = 1 \cdot 0{,}518 + (-1) \cdot 0{,}482 = 0{,}036$$

Diese Überlegungen lassen sich auf beliebige Zufallsgrößen mit beliebiger Wertemenge W_X übertragen:

Definition

Ist $W_X = \{x_1, x_2, \ldots, x_n\}$ die Wertemenge der Zufallsgröße X, dann heißt
$$E(X) = x_1 \cdot P(X = x_1) + x_2 \cdot P(X = x_2) + \ldots + x_n \cdot P(X = x_n) = \sum_{i=1}^{n} x_i \cdot P(X = x_i)$$
Erwartungswert von X.

$E(X)$ wird meistens mit dem griechischen Buchstaben μ abgekürzt: $E(X) = \mu$

Man kann den Begriff *Erwartungswert* etwa folgendermaßen allgemein auslegen:

Erwartungswert

Der Erwartungswert einer Zufallsgröße ist das mit ihren Wahrscheinlichkeiten gewichtete arithmetische Mittel der Funktionswerte der Zufallsgrößen, also auf lange Sicht der mittlere Funktionswert der Zufallsgröße pro Versuch.

Beispiel

Beispiel 1:
Zwei Spieler einigen sich auf ein Würfelspiel: Spieler A würfelt mit zwei Würfeln. Sind die Augenzahlen unterschiedlich, so muss er an Spieler B die kleinere Augenzahl in Euro bezahlen. Zeigen beide Würfel die gleiche Augenzahl N, so erhält A vom Spieler B die doppelte Augenzahl, also $2N$ € ausbezahlt.

Von früheren Beispielen kennen wir den Ergebnisraum $\Omega = \{1\,1, \ldots, 1\,6, 2\,1, \ldots, 2\,6, 3\,1, \ldots, 6\,6\}$ mit seinen 36 Ergebnissen, die alle gleichwahrscheinlich sind.

Sind die Augenzahlen nach dem Wurf von Spieler A verschieden und ist die „Eins" darunter, ist das Ereignis $E_1 = \{1\,2, 1\,3, 1\,4, 1\,5, 1\,6, 2\,1, 3\,1, 4\,1, 5\,1, 6\,1\}$ mit 10 Ergebnissen eingetreten. Die Wahrscheinlichkeit für das Eintreten von E_1 beträgt daher $P(E_1) = \frac{10}{36}$ und Spieler A muss 1 € bezahlen. (Die „Eins" ist die kleinere der beiden Augenzahlen.)

Sind die Augenzahlen verschieden und ist die „Zwei" die kleinere Augenzahl, ist das Ereignis $E_2 = \{2\,3, 2\,4, 2\,5, 2\,6, 3\,2, 4\,2, 5\,2, 6\,2\}$ mit 8 Ergebnissen eingetreten. Die Wahrscheinlichkeit für das Eintreten von E_2 beträgt dann $P(E_2) = \frac{8}{36}$; Spieler A bezahlt 2 €.

Ist die „Drei" die kleinere Augenzahl, gilt $P(E_3) = \frac{6}{36}$, ist die „Vier" die kleinere Augenzahl, erhalten wir $P(E_4) = \frac{4}{36}$. Ist schließlich die „Fünf" die kleinere Augenzahl, besteht E_5 nur noch aus den Ergebnissen 5 6 und 6 5: $P(E_5) = \frac{2}{36}$

In allen Fällen verliert A, und zwar N €, wenn N die kleinere Augenzahl ist.

Sind die Augenzahlen dagegen gleich, besteht das Ereignis aus den Ergebnissen 1 1, 2 2, 3 3, 4 4, 5 5 und 6 6. Die Wahrscheinlichkeit dieser Elementarereignisse beträgt jedes Mal $\frac{1}{36}$ und Spieler A gewinnt $2N$ €, das sind je nach der Augenzahl 2, 4, 6, 8, 10 oder 12 €.

Bezeichnet man nun den Gewinn von Spieler A als Zufallsgröße X, so gilt für den Erwartungswert $E(X)$:

$$E(X) = (-1) \cdot \frac{10}{36} + (-2) \cdot \frac{8}{36} + (-3) \cdot \frac{6}{36} + (-4) \cdot \frac{4}{36} + (-5) \cdot \frac{2}{36} + 2 \cdot \frac{1}{36} + $$
$$+ 4 \cdot \frac{1}{36} + 6 \cdot \frac{1}{36} + 8 \cdot \frac{1}{36} + 10 \cdot \frac{1}{36} + 12 \cdot \frac{1}{36} = -\frac{28}{36} = -\frac{7}{9}$$

Das bedeutet, dass der Spieler A im Mittel mit einem Verlust von $\frac{7}{9}$ € = 78 ct pro Spiel rechnen muss.

Unsere Beispiele zeigen, wie mithilfe des Erwartungswerts Glücksspiele beurteilt werden können:

Ist X die Zufallsgröße, die den Gewinn eines Spielers beschreibt, so bezeichnet man Spiele mit $E(X) = 0$ als *fair*, Spiele mit $E(X) > 0$ als *günstig* und Spiele mit $E(X) < 0$ als *ungünstig für den Spieler.*

Beispiel

Beispiel 2:
Beim einfachen Wurf eines LAPLACE-Würfels hat die Zufallsgröße „Augenzahl" die Wertemenge $W_X = \{1, 2, 3, 4, 5, 6\}$ mit den Wahrscheinlichkeiten $P(X = x_i) = \frac{1}{6}$.

Damit berechnen wir den Erwartungswert:

$$E(X) = 1 \cdot \frac{1}{6} + 2 \cdot \frac{1}{6} + 3 \cdot \frac{1}{6} + 4 \cdot \frac{1}{6} + 5 \cdot \frac{1}{6} + 6 \cdot \frac{1}{6} = 3{,}5$$

Merke!

> Der Erwartungswert muss nicht notwendigerweise ein Element der Wertemenge W_X sein.

Beispiel

Beispiel 3:
Die Wahrscheinlichkeitsverteilung des 4-fachen Münzwurfs am Anfang von Kapitel 5 sah folgendermaßen aus:

x	0	1	2	3	4
$P(X) = x)$	$\frac{1}{16}$	$\frac{4}{16}$	$\frac{6}{16}$	$\frac{4}{16}$	$\frac{1}{16}$

Der Erwartungswert der Zufallsgröße „Wappenanzahl" berechnet sich daraus zu: $E(X) = 0 \cdot \frac{1}{16} + 1 \cdot \frac{4}{16} + 2 \cdot \frac{6}{16} + 3 \cdot \frac{4}{16} + 4 \cdot \frac{1}{16} = 2$

Das Ergebnis $\mu = 2$ erklärt sich aus der symmetrischen Verteilung von X. Diese Tatsache können wir uns bei allen symmetrischen Verteilungen zunutze machen!

Aufgaben, in denen nach dem Erwartungswert bei unbekannter Wahrscheinlichkeitsverteilung gefragt ist, werden nach folgendem Muster angepackt:

- Zuerst bestimmt man den Ergebnisraum einschließlich der Wahrscheinlichkeit der Elementarereignisse.
- Dann sucht man die (unvereinbaren) Ereignisse heraus, denen ein ganz bestimmter Zufallswert x der Zufallsgröße X entspricht.

- Schließlich berechnet man die Wahrscheinlichkeiten dieser Ereignisse, meistens durch Summenbildung (siehe Folgerung 5 der KOLMOGOROW-Axiome in Abschnitt 2.2) oder mit den beiden Urnenmodellen. Diese Wahrscheinlichkeiten $P(X = x)$ bilden zusammen mit den Zufallswerten x die gesuchte Wahrscheinlichkeitsverteilung, die in einer Tabelle festgehalten werden kann.
- Der Erwartungswert wird zum Schluss nach der Definition von $E(X)$ berechnet.

Vergleichen Sie dazu die folgenden Aufgaben:

Aufgaben

41 In einer Urne liegen 4 gleichartige Kugeln mit den Ziffern 1, 2, 3, 4. Man greift gleichzeitig 2 Kugeln heraus. Die größere der beiden Ziffern sei die Zufallsgröße X.
Berechnen Sie den Erwartungswert $E(X)$.

42 In einer Schachtel liegen 16 Glühlampen, von denen 5 defekt sind. Ich greife 4 Glühlampen nacheinander heraus, ohne sie zurückzulegen. Die Zufallsgröße sei die Anzahl der herausgegriffenen defekten Glühlampen.
Wie groß ist der Erwartungswert der Zufallsgröße?

5.3.2 Varianz und Standardabweichung

Eine Zufallsgröße X wird durch ihre Wahrscheinlichkeitsverteilung und ihren Erwartungswert $E(X)$, der üblicherweise mit μ bezeichnet wird, hinreichend genau beschrieben.
Der Erwartungswert μ ist ein Parameter, der den Mittelwert aller gewichteten Funktionswerte x der Zufallsgröße X darstellt. Er kann aber nichts darüber aussagen, wie stark die einzelnen Werte x von μ abweichen. Diese sogenannte **Streuung**, so nennt man die Abweichung vom Erwartungswert, kann für manche Zufallswerte gering sein, für andere ganz erheblich ausfallen.

Als Maß für diese Streuung bietet sich scheinbar die mittlere Abweichung $E(X - \mu)$ an. $E(X - \mu)$ wird aber zwangsläufig immer den Wert null ergeben, da μ selbst der Erwartungswert von X ist und die verschiedenen Vorzeichen der Abweichungen vom Erwartungswert sich auswirken.
Die Erklärung dafür ist nicht einfach, wir wollen uns daher darauf beschränken, $E(X - \mu) = 0$ an einem simplen Zahlenbeispiel zu bestätigen:

Angenommen, wir bilden den Mittelwert der Zahlen 2, 4, 5 und 9. Er lautet $(2 + 4 + 5 + 9) : 4 = 5$. Die Abweichungen der vier Zahlen von ihrem Mittelwert berechnen wir leicht zu 3, 1, 0 und –4.
Der Mittelwert dieser vier Abweichungen von ihrem Mittelwert ergibt:
$(3 + 1 + 0 - 4) : 4 = 0$ (Man erkennt die wichtige Rolle des Vorzeichens!)

Mit dem Mittelwert von gewichteten Größen in der Stochastik verhält es sich ebenso, nur ist der Beweis nicht ganz einfach zu führen.

Lässt man die Vorzeichen außer Acht (eigentlich ist ja nur der Betrag der Abweichungen von Interesse), dann bekommt man mit $E(|X-\mu|)$ einen vernünftigen Mittelwert der Streuung.
Eine noch bessere Lösung stellt der Erwartungswert des Quadrats von $X-\mu$ dar:

$E((X-\mu)^2)$

$(X-\mu)^2$ hebt wie $|X-\mu|$ die Vorzeichenunterschiede von $x-\mu$ auf und lässt außerdem größere Streuungen stärker hervortreten, kleinere dagegen weniger.

Definition

Unter **Varianz** $Var(X)$ der Zufallsgröße X versteht man den Erwartungswert der quadratischen Abweichung von μ.

$$Var(X) = E((X-\mu)^2) =$$
$$= (x_1-\mu)^2 \cdot P(X=x_1) + (x_2-\mu)^2 \cdot P(X=x_2) + \ldots + (x_n-\mu)^2 \cdot P(X=x_n) =$$
$$= \sum_{i=1}^{n} (x_i-\mu)^2 \cdot P(X=x_i)$$

In der Literatur sind für die Varianz auch die Bezeichnungen *Varianzwert*, *mittleres Abweichungsquadrat*, *Streuungsquadrat* oder *Dispersion* gebräuchlich.

Falls die Zufallsgröße X eine Maßeinheit besitzt, so ist die Maßeinheit für die Varianz das Quadrat der Einheit, in der die Werte x von X berechnet werden. Aus diesem Grunde empfiehlt es sich für den praktischen Umgang mit der Varianz, die Wurzel aus dem Varianzwert zu ziehen. Man vereinbart daher:

Die Zahl $\sigma(X) = \sqrt{Var(X)}$ heißt **Standardabweichung** der Zufallsgröße X.

Beispiel

Beispiel 1:
Ein LAPLACE-Würfel wird einmal geworfen. Es sollen bestimmt werden: Erwartungswert, Varianz und Standardabweichung der Augenzahl!

Die Zufallsgröße X ist die geworfene Augenzahl. Ihre Werte sind 1, 2, 3, 4, 5, 6 mit den Wahrscheinlichkeiten $P(X=x) = \frac{1}{6}$.

Für den Erwartungswert μ erhalten wir, wie im Beispiel 2 von Abschnitt 5.3.1 schon einmal berechnet, den Wert 3,5.

Die Varianz beträgt:

$$Var(X) = (1-3{,}5)^2 \cdot \frac{1}{6} + (2-3{,}5)^2 \cdot \frac{1}{6} + (3-3{,}5)^2 \cdot \frac{1}{6} + (4-3{,}5)^2 \cdot \frac{1}{6} +$$
$$+ (5-3{,}5)^2 \cdot \frac{1}{6} + (6-3{,}5)^2 \cdot \frac{1}{6} = 2{,}9$$

Für die Standardabweichung ergibt sich schließlich: $\sigma(X) = \sqrt{2{,}9} = 1{,}7$

Beispiel

Beispiel 2:
Beim Roulette setzt jemand auf ein Carré (vgl. Aufgabe 37). Die Zufallsgröße X sei der Gewinnfaktor. Er beträgt im Gewinnfall 8, im Verlustfall –1.
Welche Werte ergeben sich für den Erwartungswert, die Varianz und die Standardabweichung?

Die Wahrscheinlichkeit zu gewinnen liegt bei $\frac{4}{37}$. Die Wahrscheinlichkeit den Einsatz zu verlieren liegt bei $\frac{33}{37}$.

Mit diesen Werten berechnen wir den Erwartungswert μ und die Varianz $Var(X)$:

$$\mu = (-1) \cdot \frac{33}{37} + 8 \cdot \frac{4}{37} = -\frac{1}{37}$$

$$Var(X) = \left(-1 + \frac{1}{37}\right)^2 \cdot \frac{33}{37} + \left(8 + \frac{1}{37}\right)^2 \cdot \frac{4}{37} = 7{,}81$$

Die Standardabweichung ergibt sich zu $\sigma(X) = \sqrt{7{,}81} = 2{,}8$

Im Gegensatz zum Erwartungswert als Mittelwert der Zufallsgröße ist die Standardabweichung nicht besonders anschaulich. Sie kann aber dazu dienen, die Abweichungen verschiedener Zufallsgrößen von ihrem Erwartungswert miteinander zu vergleichen. Auf Glücksspiele beispielsweise bezogen heißt dies, das Risiko abzuschätzen.

Beispiel

Beispiel 3:
In den Klassenarbeiten Mathematik ergab sich folgende Notenverteilung:

Note	1	2	3	4	5	6
Anzahl (Klasse 11 a)	3	3	5	6	2	1
Anzahl (Klasse 11 b)	0	1	6	5	4	4

Der Notenschnitt in der Klasse 11 a betrug demnach 3,2, in Klasse 11 b dagegen 4,2. Die Notenschnitte entsprechen den jeweiligen Erwartungswerten der Zufallsgröße „Notenstufe“.

Andreas aus der Klasse 11 a erzielte die Note 3, Bernhard aus der 11 b bekam die Note 4. Beide lagen also gleich viel, nämlich 0,2 Notenpunkte, über ihrem jeweiligen Klassendurchschnitt.
Wer von beiden hat dennoch *relativ zu seiner Klasse* besser abgeschnitten?

Diese Frage kann nur mithilfe der Standardabweichungen beantwortet werden. Mit dem Erwartungswert $\mu_a = 3{,}2$ der Klasse 11 a machen wir den bekannten Ansatz für die Varianz. Die noch fehlenden „Wahrscheinlichkeiten“ sind die relativen Häufigkeiten der einzelnen Notenstufen.

$$Var(X) = (1 - 3{,}2)^2 \cdot \frac{3}{20} + (2 - 3{,}2)^2 \cdot \frac{3}{20} + (3 - 3{,}2)^2 \cdot \frac{5}{20} +$$
$$+ (4 - 3{,}2)^2 \cdot \frac{6}{20} + (5 - 3{,}2)^2 \cdot \frac{2}{20} + (6 - 3{,}2)^2 \cdot \frac{1}{20} = 1{,}86$$

Daraus ergibt sich die Standardabweichung in der Klasse 11 a:
$\sigma_a(X) = \sqrt{1{,}86} = 1{,}36$

In gleicher Weise berechnen wir mit dem Erwartungswert $\mu_b = 4{,}2$ die Varianz in der Klasse 11 b:

$$Var(X) = (1-4{,}2)^2 \cdot \frac{0}{20} + (2-4{,}2)^2 \cdot \frac{1}{20} + (3-4{,}2)^2 \cdot \frac{6}{20} + (4-4{,}2)^2 \cdot \frac{5}{20} + (5-4{,}2)^2 \cdot \frac{4}{20} + (6-4{,}2)^2 \cdot \frac{4}{20} = 1{,}46$$

In der Klasse 11 b ergibt sich daraus als Standardabweichung:
$\sigma_b(X) = \sqrt{1{,}46} = 1{,}21$

Sind die Standardabweichungen verschieden groß, dann ist eine Abweichung von 0,2 Notenstufen nach oben, wie in unserem Fall, bei einer *kleineren* Streuung *mehr* wert als bei einer größeren.
In Zahlen lässt sich dieser Bewertungsunterschied so ausdrücken:

Die *absolute* Abweichung $|X - \mu| = 0{,}2$ können wir bei Bernhard auch

schreiben als: $|X - \mu| = \dfrac{0{,}2}{\sigma_b(X)} \cdot \sigma_b(X) = \dfrac{0{,}2}{1{,}21} \cdot \sigma_b(X) = 0{,}17 \cdot \sigma_b(X)$

Analog ergibt sich für Andreas: $|X - \mu| = \dfrac{0{,}2}{1{,}36} \cdot \sigma_a(X) = 0{,}15 \cdot \sigma_a(X)$

Aus den *relativen* Werten 0,17 bzw. 0,15 ersieht man nun, dass die absolute Abweichung 0,2 von Berhard relativ zur Standardabweichung in seiner Klasse 11 b größer ist als derselbe Wert 0,2 bei Andreas, relativ zur Standardabweichung in seiner Klasse 11 a. Man kann es auch einfacher sagen:

Bernhard hat auf den Klassendurchschnitt bezogen etwas besser abgeschnitten als Andreas.

Bearbeiten Sie zur Festigung der Begriffe *Erwartungswert* und *Standardabweichung* die folgenden zwei Aufgaben!

Aufgaben

43 Nur einer von 6 gleichartigen Schlüsseln passt zu einem Schloss. Man probiert einen Schlüssel nach dem anderen aus.
Wie viele Schlüssel müssen im Mittel ausprobiert werden, um das Schloss zu öffnen?

44 Bei einer Lotterie sind unter 1000 Losen 864 Nieten, 75 Gewinne zu 2 € und 60 Gewinne zu 5 € sowie der Hauptgewinn von 100 €. Der Lospreis beträgt 1 €.

a) Berechnen Sie den Erwartungswert der Ausschüttung und den mittleren Gewinn der Lotteriegesellschaft je Los.

b) Wie hoch ist die Standardabweichung der Ausschüttung?

6 Binominalverteilung

6.1 BERNOULLI-Experimente

Führt man einen Zufallsversuch unter genau gleichen Bedingungen mehrmals nacheinander aus, stellt dies ein mehrstufiges Zufallsexperiment dar. Die bekanntesten Beispiele dafür sind das mehrfache Werfen einer Münze oder eines Würfels, auch das wiederholte Ziehen aus einer Urne mit Zurücklegen gehört dazu.
Die Ausgänge der Einzelversuche sind dann voneinander stochastisch unabhängig und beeinflussen sich nicht. Münze, Würfel und Roulettekugel haben kein „Gedächtnis“, auch wenn eine Münze einige Male nacheinander auf „Wappen“ fällt – beim nächsten Versuch kann sie erneut auf „Wappen“ zeigen.

Meist besteht der Versuchsausgang der Einzelversuche aus zwei sich gegenseitig ausschließenden Ergebnissen. Beispiele dafür sind:

- Qualitätsprüfung: brauchbar – unbrauchbar
- Roulette: rouge – noir (rot – schwarz)
- Würfeln: „Sechs“ – „keine Sechs“
- Urnenzug: schwarze Kugel – keine schwarze Kugel
- Geburten: Knabe – Mädchen

In Anlehnung an eine Lotterie wollen wir die Versuchsausgänge in „Treffer“ (T) und „Niete“ (N) einteilen. Der Ergebnisraum eines Einzelversuchs kann also eine Vergröberung erfahren:

$$\Omega = \{T, N\}$$

Tritt das Elementarereignis {T} mit der Wahrscheinlichkeit p ein, dann hat das andere Elementarereignis {N} als das Gegenereignis zu {T} die Wahrscheinlichkeit $q = 1 - p$.

Es war JAKOB BERNOULLI, der sich intensiv mit solchen Zufallsexperimenten beschäftigte, bei denen es nur interessiert, ob ein bestimmtes Ergebnis vorliegt oder nicht. Diese Experimente tragen heute seinen Namen:

Definition

Ein Zufallsexperiment mit dem Ergebnisraum $\Omega = \{T, N\}$ und den Wahrscheinlichkeiten $P(\{T\}) = p$ und $P(\{N\}) = q = 1 - p$ heißt **BERNOULLI-Experiment**.
Die Wahrscheinlichkeit $P(\{T\}) = p$ wird **Trefferwahrscheinlichkeit** des BERNOULLI-Experiments genannt.

Beispiel

Das gleichzeitige Werfen zweier Würfel ist ein LAPLACE-Experiment, vorausgesetzt man baut den Ergebnisraum so auf, dass alle Ergebnisse gleichwahrscheinlich sind.
Aus früheren Überlegungen wissen wir, dass die LAPLACE-Annahme richtig ist, wenn die beiden Würfel als unterscheidbar angesehen werden. Mit dieser Bedingung erhalten wir zunächst folgenden Ergebnisraum:

$\Omega = \{1\,1, 1\,2, \ldots, 1\,6, 2\,1, 2\,2, \ldots, 2\,6, 3\,1, \ldots, 6\,6\}; \quad |\Omega| = 36$

Wenn uns nur interessiert, ob die Augensumme mindestens 9 beträgt oder nicht, wird daraus ein BERNOULLI-Experiment.
In der Vergröberung $\Omega' = \{T, N\}$ des Ergebnisraums Ω erhalten die beiden Ergebnisse Treffer (T) und Niete (N) die Darstellung:

$T = \{3\,6, 4\,5, 4\,6, 5\,4, 5\,5, 5\,6, 6\,3, 6\,4, 6\,5, 6\,6\}; \quad |T| = 10$
$N = \{1\,1, \ldots, 1\,6, 2\,1, \ldots, 2\,6, 3\,1, \ldots, 3\,5, 4\,1, \ldots, 6\,2\}$

Die Trefferwahrscheinlichkeit p berechnen wir mit dem Zählprinzip und der Formel:

$$P(E) = \frac{|E|}{|\Omega|}$$

Wir erhalten so: $p = P(\{T\}) = \frac{|T|}{|\Omega|} = \frac{10}{36} = \frac{5}{18}$

Mit der Vergröberung des Ergebnisraums eines Zufallsexperiments zum Ergebnisraum $\{T, N\}$ eines BERNOULLI-Experiments werden die Grundlagen zur Analyse mehrstufiger Zufallsexperimente geschaffen, wie wir in den nächsten Abschnitten sehen werden.

6.2 Die BERNOULLI-Kette

Wie eingangs dieses Kapitels erwähnt, kann man ein und dasselbe BERNOULLI-Experiment mehrmals nacheinander ausführen.
Wirft man einen Würfel zweimal und interessiert sich nur für die „Sechs" als Treffer, dann ist für die erste Stufe der Ergebnisraum $\Omega_1 = \{T, N\}$ festgelegt. Für beide Würfe zusammen wählen wir den Ergebnisraum $\Omega_2 = \{TT, TN, NT, NN\}$ mit seinen 4 Ergebnissen.
Diesen Ergebnisraum Ω_2 schreibt man gerne als Produkt $\Omega_1 \times \Omega_1$ oder als Potenz Ω_1^2.

Führt man das BERNOULLI-Experiment dreimal nacheinander aus, wird der Ergebnisraum $\Omega_1 \times \Omega_1 \times \Omega_1 = \Omega_1^3$ mit den 8 Ergebnissen TTT, TTN, TNT, NTT, TNN, NTN, NNT, NNN zugrunde gelegt.

Allgemein legt man fest:

Definition

Führt man ein BERNOULLI-Experiment mit dem Ergebnisraum {T, N} und der Trefferwahrscheinlichkeit p n-mal so durch, dass die Versuchsergebnisse keinen Einfluss aufeinander ausüben, erhält man eine BERNOULLI-Kette mit der Länge n und mit dem Ergebnisraum $\{T, N\}^n$.

Die Trefferwahrscheinlichkeit p des *BERNOULLI-Experiments* wird als **Parameter** der *BERNOULLI-Kette* bezeichnet.

Das Symbol $\{T, N\}^n$ ist die Abkürzung für die Menge aller n-Variationen mit Wiederholung aus der Menge {T, N}. T vertritt einen Treffer, N eine Niete. Beispielsweise sind die 5-Variationen TNNTN und NTNTT BERNOULLI-Ketten der Länge 5, die 6-Variationen TTNTNT und NNNTTN BERNOULLI-Ketten der Länge 6.

Beispiel

Beispiel 1:
Das viermalige Werfen eines LAPLACE-Würfels mit dem Treffer „Sechs" (die Nieten sind die Augenzahlen „Eins" bis „Fünf") stellt eine BERNOULLI-Kette mit der Länge 4 und mit dem Parameter $\frac{1}{6}$ dar.

Die Wahrscheinlichkeit, genau beim dritten Wurf einen Treffer zu erzielen, also eine „Sechs" zu würfeln, beträgt:

$$P(\{NNTN\}) = \frac{5}{6} \cdot \frac{5}{6} \cdot \frac{1}{6} \cdot \frac{5}{6} = \frac{125}{1296} = 0{,}096$$

Das Ergebnis NTNT dagegen besagt, dass genau beim zweiten und vierten Wurf die „Sechs" fällt. Die Wahrscheinlichkeit dafür ergibt sich zu:

$$P(\{NTNT\}) = \frac{5}{6} \cdot \frac{1}{6} \cdot \frac{5}{6} \cdot \frac{1}{6} = \frac{25}{1296} = 0{,}019$$

Eine BERNOULLI-Kette kann man sich am besten durch das 2. Urnenmodell in Abschnitt 3.3.2 realisiert denken:
Die Urne enthält schwarze und andersfarbige Kugeln, wobei dem Zug einer schwarzen Kugel – das stellt den Treffer dar – die Wahrscheinlichkeit p, dem einer andersfarbigen Kugel – das ist die Niete – die Wahrscheinlichkeit $q = 1 - p$ zukommt.
Die n Versuche der BERNOULLI-Kette stellen dann die n Ziehungen aus der Urne dar, wobei jedes Mal die gezogene Kugel wieder zurückgelegt wird. Dadurch bleibt die Trefferwahrscheinlichkeit p immer dieselbe.

Beispiel

Beispiel 2:
Um bei „Mensch ärgere dich nicht“ ins Spiel zu kommen, muss der Spieler eine „Sechs“ würfeln. Dazu hat er im ersten Durchgang drei Versuche, dann ist der Nächste an der Reihe.
Wir stellen die möglichen Versuchsausgänge in einem Baumdiagramm mit dem Treffer „Sechs“ und der Niete „keine Sechs“ dar:

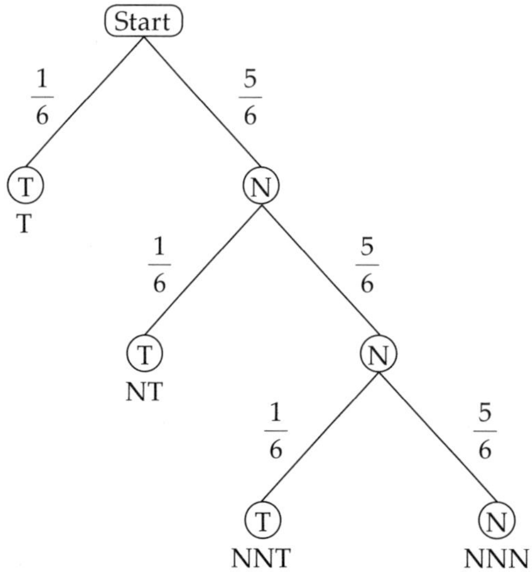

Eine Frage ist natürlich für den Spieler die wichtigste: Mit welcher Wahrscheinlichkeit kann er im ersten Durchgang starten?
Er kommt ins Spiel, wenn er eine der 3 Chancen T, NT oder NNT nutzt, die das für ihn günstige Ereignis E bilden. Nach der 2. Pfadregel ist die Wahrscheinlichkeit dafür:

$$P(\mathrm{E}) = \frac{1}{6} + \frac{5}{6} \cdot \frac{1}{6} + \frac{5}{6} \cdot \frac{5}{6} \cdot \frac{1}{6} = 0{,}42$$

Das gleiche Resultat erhält man, wenn man die Wahrscheinlichkeit des Gegenereignisses berechnet. Das Gegenereignis bedeutet das Scheitern im ersten Durchgang, also das Ereignis {NNN}, ersichtlich am Pfad NNN des Baumdiagramms. Wir erhalten:

$$P(E) = 1 - P(\{\mathrm{NNN}\}) = 1 - \left(\frac{5}{6}\right)^3 = 1 - 0{,}58 = 0{,}42$$

Aufgaben

45 Ein Glücksrad ist in 4 Sektoren mit den Zahlen 1, 2, 3, 4 eingeteilt, wobei die Größe des Sektors proportional zur Zahl ist. Nur wenn der Zeiger nach dem Stillstand des Rads auf das Feld mit der Nummer 1 zeigt, hat der Spieler gewonnen.
Mit welcher Wahrscheinlichkeit gewinnt er bei 10 Spielen

a) kein einziges Mal?
b) mindestens einmal?
c) genau beim 3. und 7. Versuch?

46 Die Wahrscheinlichkeit für eine Mädchengeburt beträgt 48,6 %. Ein Ehepaar wünscht sich 5 Kinder.
Berechnen Sie die Wahrscheinlichkeit für die Geburt mindestens eines Mädchens, wenn 5 Kinder geboren werden.

6.3 Die BERNOULLI-Formel

In den bisherigen Beispielen und Aufgaben zur BERNOULLI-Kette der Länge n waren Treffer bzw. Nieten an ganz bestimmten Stellen der Kette platziert. Mit anderen Worten, die Kette bestand entweder nur aus Nieten oder nur aus Treffern oder die Kette sollte nur bei ganz bestimmten Versuchen Treffer aufweisen, etwa beim dritten und siebten Versuch.

Im Folgenden beschäftigen wir uns eingehend mit der Anzahl der Treffer innerhalb einer BERNOULLI-Kette. Wir fragen also nach der Wahrscheinlichkeit des Ereignisses, dass eine BERNOULLI-Kette, etwa der Länge 10, genau 4 Treffer enthält. Dabei ist es unerheblich, an welchen Stellen die Treffer gesetzt werden.
Allgemein ausgedrückt heißt dies, dass eine BERNOULLI-Kette der Länge n und mit dem Parameter p genau k Treffer beinhaltet. Die Wahrscheinlichkeit dafür bezeichnen wir mit $B(n; p; k)$.

Im Ergebnisraum $\{T, N\}^n$ besteht das angesprochene Ereignis aus allen n-Variationen mit Wiederholung, die *genau* k Treffer und $n - k$ Nieten enthalten. Dies ist exakt die Voraussetzung des Satzes vom 2. Urnenmodell. Damals ging es um das Ereignis E, dass beim Ziehen aus einer Urne mit Zurücklegen unter n gezogenen Kugeln sich genau k schwarze Kugeln befinden. Das Ergebnis lautete (siehe Abschnitt 3.3.2):

$$P(E) = P(X = k) = \binom{n}{k} \cdot p^k \cdot (1 - p)^{n-k}$$

unter Verwendung der *Binomialkoeffizienten*:

$$\binom{n}{k} = \frac{n!}{(n-k)! \cdot k!}$$

Für die Zufallsgröße X (Anzahl der Treffer innerhalb einer BERNOULLI-Kette) können wir daher ähnlich wie beim 2. Urnenmodell formulieren:

Regel

Die Wahrscheinlichkeit $P(X = k)$, in einer BERNOULLI-Kette der Länge n und mit dem Parameter p *genau* k Treffer zu erzielen, ist gleich:

$$B(n; p; k) = \binom{n}{k} \cdot p^k \cdot (1 - p)^{n-k}$$ **(BERNOULLI-Formel)**

Beispiel

Beispiel 1:

$B(20; 0{,}5; 8) = \binom{20}{8} \cdot 0{,}5^8 \cdot 0{,}5^{12} = 0{,}12$ ist die Wahrscheinlichkeit dafür, dass beim 20-maligen Werfen einer LAPLACE-Münze genau achtmal „Wappen" fällt.

Die Wahrscheinlichkeiten $B(n; p; k)$, die mit der BERNOULLI-Formel berechnet werden, gehören zu einer Wahrscheinlichkeitsverteilung, die man wegen der auftretenden Binomialkoeffizienten **Binomialverteilung** nennt. Sie wird mit $B(n; p)$ bezeichnet, während die $B(n; p; k)$ für $k = 0, 1, 2, \ldots, n$ die Funktionswerte der Binomialverteilung darstellen.

Wegen der doch mühsamen Berechnung sind die Funktionswerte $B(n; p; k)$ der Binomialverteilung in Tabellen erfasst, die man in Tafelwerken der Stochastik findet.

Allerdings können diese Tabellen nicht jeden Wert für n und p berücksichtigen, so ist beispielsweise die Länge n beschränkt auf $n = 3, 4, 5, 6, 7, 8, 9, 10, 15, 20, 25, 30, 50, 100, 200$. Ähnlich verhält es sich mit dem reellen Parameter p: $p = 0{,}01; 0{,}02; 0{,}03; 0{,}04; 0{,}05; 0{,}10; 0{,}125; 0{,}15; 0{,}20; 0{,}25; 0{,}30; 0{,}40$ usw. (vgl. Auszug auf der nächsten Seite).

Im Allgemeinen werden Prüfungsaufgaben auf die Tabellenwerte der zugelassenen Tafelwerke abgestimmt. Den Umgang mit den Tabellenwerten der Binomialverteilung sollten Sie daher unbedingt üben!

Beispiel

Beispiel 2:

Wie groß ist die Wahrscheinlichkeit, beim 5-maligen Würfeln mehr als 2 „Sechsen" zu erzielen?

Die Trefferanzahl kann 3, 4 oder 5 betragen. Die 3 Wahrscheinlichkeiten werden also addiert:

$$B\left(5; \frac{1}{6}; 3\right) + B\left(5; \frac{1}{6}; 4\right) + B\left(5; \frac{1}{6}; 5\right) = \binom{5}{3} \cdot \left(\frac{1}{6}\right)^3 \cdot \left(\frac{5}{6}\right)^2 + \binom{5}{4} \cdot \left(\frac{1}{6}\right)^4 \cdot \left(\frac{5}{6}\right) + \binom{5}{5} \cdot \left(\frac{1}{6}\right)^5 = 0{,}03549$$

Aus der Tabelle entnehmen wir für $n = 5$, $p = \frac{1}{6}$, $k = 3, 4, 5$:

$$B\left(5; \frac{1}{6}; 3\right) + B\left(5; \frac{1}{6}; 4\right) + B\left(5; \frac{1}{6}; 5\right) = 0{,}03215 + 0{,}00322 + 0{,}00013 = 0{,}03550$$

Zu jeder Wahrscheinlichkeitsverteilung kann ein Stabdiagramm oder ein Histogramm gezeichnet werden, so auch zur Binomialverteilung. Dabei ist zu beachten, dass die Funktion $B(n; p)$ nur für endlich viele Variablenwerte k definiert ist: $k \in \{0, 1, 2, \ldots, n\}$

Wir wollen uns einmal im folgenden Beispiel ein Histogramm einer Binomialverteilung ansehen!

n	k \ p	0,01	0,02	0,03	0,04	0,05	0,10	0,15	$\frac{1}{6}$
3	0	97030	94119	91267	88474	85738	72900	61413	57870
	1	02940	05762	08468	11059	13538	24300	32513	34722
	2	00030	00118	00262	00461	00713	02700	05738	06944
	3		00008	00003	00006	00013	00100	00338	00463
4	0	96060	92237	88529	84935	81451	65610	52201	48225
	1	03881	07530	10952	14156	17148	29160	36848	38580
	2	00059	00230	00508	00885	01354	04860	09754	11574
	3		00003	00010	00025	00048	00360	01148	01543
	4					00001	00001	00051	00077
5	0	95099	90392	85873	81537	77378	59049	44371	40188
	1	04803	09224	13279	16987	20363	32805	39150	40188
	2	00097	00376	00821	01416	02143	07290	13818	16075
	3	00001	00008	00025	00059	00113	00810	02438	03215
	4				00001	00003	00045	00215	00322
	5						00001	00008	00013
6	0	94148	88584	83297	78276	73509	53144	37715	33490
	1	05706	10847	15457	19569	23213	35429	39933	40188
	2	00144	00553	01195	02038	03054	09842	17618	20094
	3	00002	00015	00049	00113	00214	01458	04145	05358
	4			00001	00004	00008	00122	00549	00804
	5						00005	00039	00064
	6							00001	00002
7	0	93207	86813	80798	75145	69834	47830	32058	27908
	1	06590	12402	17492	21917	25728	37201	39601	39071
	2	00200	00759	01623	02740	04062	12400	20965	23443
	3	00003	00026	00084	00190	00356	02296	06166	07814
	4		00001	00003	00008	00019	00255	01088	01563
	5					00001	00017	00115	00188
	6						00001	00007	00013
	7								00000
8	0	92274	85076	78374	72139	66342	43047	27249	23257
	1	07457	13890	19392	24046	27933	38264	38469	37211
	2	00264	00992	02099	03507	05146	14880	23760	26048
	3	00005	00040	00130	00292	00542	03307	08386	10419
	4		00001	00005	00015	00036	00459	01850	02605
	5				00001	00002	00041	00261	00417
	6						00002	00023	00042
	7							00001	00002
	8								00000
9	0	91352	83375	76023	69253	63025	38742	23162	19381
	1	08305	15314	21161	25970	29854	38742	36786	34885
	2	00336	01250	02618	04328	06285	17219	25967	27908
	3	00008	00060	00189	00421	00772	04464	10692	13024
	4		00002	00009	00026	00061	00744	02830	03907
	5				00001	00003	00083	00499	00781
	6						00006	00059	00104
	7							00004	00009
	8								00000
	9								00000

Binomialverteilung (Auszug)
Die „leeren" Plätze sind im Rahmen der Stellengenauigkeit null.

Beispiel

Beispiel 3:
Eine Urne enthält 8 schwarze und 12 weiße Kugeln. Man zieht 7 Kugeln mit Zurücklegen. Die Zufallsgröße sei die Anzahl der schwarzen Kugeln unter den 7 gezogenen.

Die Wahrscheinlichkeit für den Zug einer schwarzen Kugel ist $p = \frac{8}{20} = 0{,}4$.

Da $n = 7$ ist, kann k die Werte 0, 1, 2, 3, 4, 5, 6, 7 annehmen.
Für ein Histogramm der Binomialverteilung $B(7;\ 0{,}4)$ benötigen wir noch ihre Funktionswerte $B(7;\ 0{,}4;\ k)$.

Nach der Bernoulli-Formel gilt: $B(7;\ 0{,}4;\ k) = \binom{7}{k} \cdot (0{,}4)^k \cdot (0{,}6)^{7-k}$

Anstelle des Taschenrechners nehmen wir die Tabellen zu Hilfe und lesen die Funktionswerte gerundet ab:

k	0	1	2	3	4	5	6	7
$B(7;\ 0{,}4;\ k)$	0,03	0,13	0,26	0,29	0,19	0,08	0,02	0,002

Die Säulenbreite des Histogramms ist frei wählbar, wir nehmen der Einfachheit halber die Breite 1.
Die *Flächen* der Rechteckssäulen sind ein Maß für die betreffende Wahrscheinlichkeit $B(7;\ 0{,}4;\ k)$. Wegen der Säulenbreite 1 können hier ebenso die Höhen als Maß dienen.

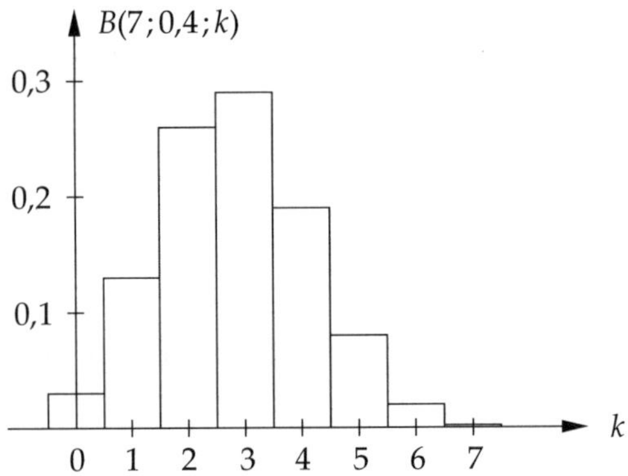

In den nachfolgend genannten Eigenschaften der Binomialverteilung stellen wir zusammen, wie sich das Histogramm verändert, wenn die Länge n bzw. der Parameter p immer größere Werte annehmen.

Eigenschaften der Binomialverteilung

Das Maximum (Stelle mit der größten Wahrscheinlichkeit) rückt bei festem n mit wachsendem Parameter p nach rechts. I

Von $p = 0{,}1$ bis 0,5 wird die Verteilung bei festem n breiter und niedriger, von 0,5 bis 0,9 wieder schmäler und höher. II

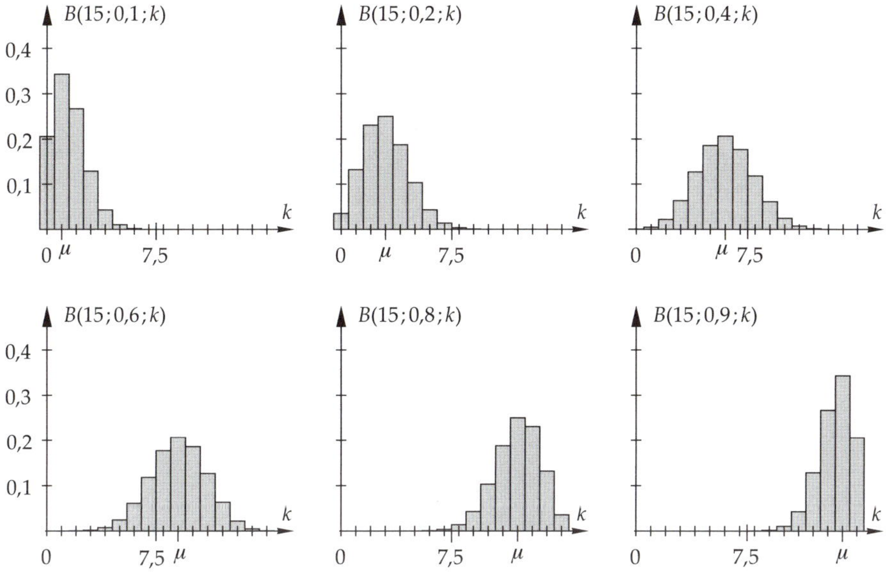

Das Maximum rückt bei festem p mit wachsender Zahl n nach rechts. III

Die Verteilung wird bei festem p mit wachsender Zahl n breiter und niedriger. IV

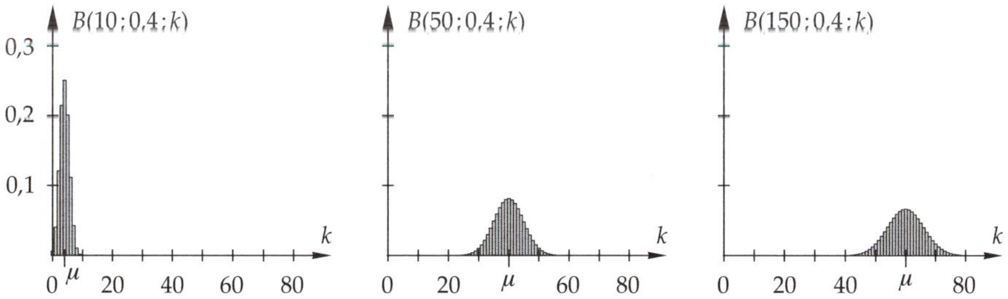

Aufgaben

47 Suchen Sie im Tafelwerk der Stochastik die Wahrscheinlichkeiten heraus:

a) $B(30;\ 0{,}2;\ 10)$ b) $B\left(15;\ \frac{1}{3};\ 4\right)$ c) $B(100;\ 0{,}7;\ 74)$

48 Zeichnen Sie ein Histogramm der Binomialverteilung $B(8;\ 0{,}25)$ mit Säulenbreite 1.

An den Säulenhöhen eines Histogramms erkennt man, dass das Histogramm bzw. die Binomialverteilung im Allgemeinen nicht symmetrisch aufgebaut ist. Das Maximum können wir zwar nicht rechnerisch bestimmen, etwa durch Nullsetzen der Ableitung, da die Funktion $B(n; p)$ nur für ganzzahlige Werte von k definiert ist, aber ein Blick in die Wertetabelle für $B(n; p; k)$ genügt, um die Säule mit der größten Höhe zu finden.

Allerdings stellt man ein Symmetrieverhalten von Binomialverteilungen untereinander fest. Zur Verdeutlichung berechnen wir versuchshalber die Wahrscheinlichkeit von $B(n; q) = B(n; 1-p)$ an der Stelle $n-k$:

$$B(n; 1-p; n-k) = \binom{n}{n-k} \cdot (1-p)^{n-k} \cdot (1-1+p)^{n-(n-k)} = \binom{n}{k} \cdot (1-p)^{n-k} \cdot p^k =$$
$$= B(n; p; k)$$

Damit ist gezeigt, dass die beiden Verteilungen $B(n; p)$ und $B(n; 1-p)$ zueinander symmetrisch zur „Mitte" liegen, die von der Geraden $k = \frac{n}{2}$ gebildet wird.
Beispielsweise sind die Binomialverteilungen $B(15; 0{,}2)$ und $B(15; 0{,}8)$ symmetrisch bezüglich der (vertikalen) Geraden $k = 7{,}5$.

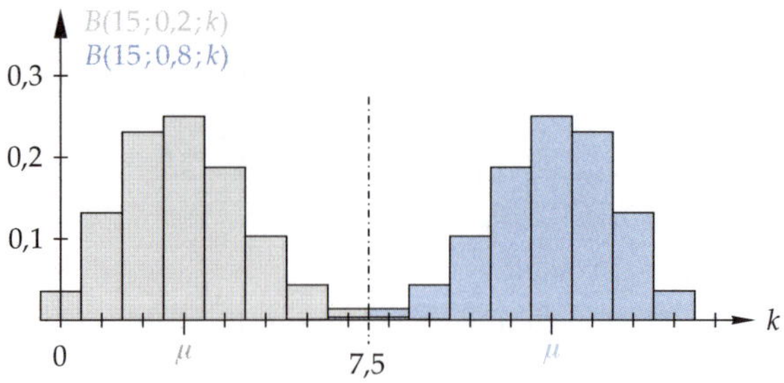

Aufgabe **49** Zeichnen Sie je ein Histogramm der Binomialverteilungen $B(6; 0{,}4)$ und $B(6; 0{,}6)$ und weisen Sie ihre gegenseitige Symmetrie nach.

Bevor wir uns im Folgenden mit der kumulativen Verteilungsfunktion einer binomialverteilten Zufallsgröße beschäftigen, sollten Sie unbedingt folgende Musteraufgabe bearbeiten, um die Binomialverteilung und ihr Herzstück, die BERNOULLI-Formel, sicher zu handhaben.

Aufgabe **50** Im Land Fantasia sind 40 % aller Autos rot. Jemand stellt sich an den Straßenrand irgendeiner Straße und beobachtet 10 vorbeifahrende Fahrzeuge. Mit welcher Wahrscheinlichkeit

a) sind genau 3 Autos rot?
b) sind alle 10 Autos rot?
c) ist kein Auto rot?
d) ist mindestens 1 Auto rot?
e) sind höchstens 2 Autos rot?

Im Kapitel 5 „Zufallsgrößen“ haben wir neben den grafischen Darstellungen einer Wahrscheinlichkeitsverteilung, wie Stabdiagramm und Histogramm, auch noch den Graphen der sogenannten kumulativen Verteilungsfunktion F kennengelernt. Diese Funktion kumuliert (addiert) die Wahrscheinlichkeiten bis zu einer bestimmten Stelle x aus der Wertemenge W_X.
In der Binomialverteilung addiert die kumulative Verteilungsfunktion die Wahrscheinlichkeiten von $B(n; p; 0)$ bis $B(n; p; k)$, wenn k eine beliebige Zahl aus der Menge $\{0, 1, \ldots, n\}$ ist.

Zur Binomialverteilung $B(n; p)$: $k \mapsto B(n; p; k)$ gehört deshalb die folgende kumulative Verteilungsfunktion $F(n; p)$.

Die Funktion $F(n; p): k \mapsto F(n; p; k) = \sum_{i=0}^{k} B(n; p; i)$ heißt **kumulative** oder **summierte Verteilungsfunktion der Binomialverteilung** $B(n; p)$.

Definition

In den Aufgaben zur Binomialverteilung kommt es oft vor, dass Wahrscheinlichkeiten addiert werden müssen. Daher sind die Funktionswerte $F(n; p; k)$ der kumulativen Verteilungsfunktion $F(n; p)$ ebenfalls in den Tafelwerken zur Stochastik erfasst.
Dort findet man für die Funktionswerte $F(n; p; k)$ neben der ausführlichen Bezeichnung $\sum_{i=0}^{k} B(n; p; i)$ oft auch die Abkürzung $F_p^n(k)$.

n	k \ p	0,01	0,02	0,03	0,04	0,05	0,10	0,15	$\frac{1}{6}$
3	0	97030	94119	91267	88474	85738	72900	61413	57870
	1	99970	99882	99735	99533	99275	97200	93925	92593
	2		99999	99997	99994	99988	99900	99662	99537
4	0	96060	92237	88529	84935	81451	65610	52201	48225
	1	99941	99766	99481	99090	98598	94770	89048	86806
	2		99997	99989	99975	99952	99630	98802	98380
	3					99999	99990	99949	99923
5	0	95099	90392	85873	81537	77378	59049	44371	40188
	1	99902	99616	99153	98524	97741	91854	83521	80376
	2	99999	99992	99974	99940	99884	99144	97339	96451
	3				99999	99997	99954	99777	96666
	4						99999	99992	99987

Kumulative Binomialverteilung (Auszug)
Die „leeren“ Plätze haben im Rahmen der Stellengenauigkeit den Wert 1.

Beachten Sie bei den Aufgaben immer: $P(X \leqq a) = F_p^n(a)$
$P(a < X \leqq b) = F_p^n(b) - F_p^n(a)$

Aufgaben

51 Auf einem internationalen Flughafen versuchen erfahrungsgemäß etwa 10% der aus Carpetanien zurückkehrenden Touristen zu schmuggeln.
Wie groß ist die Wahrscheinlichkeit, dass unter 50 Touristen

a) kein;
b) genau drei;
c) höchstens vier;
d) mehr als 25%;
e) mindestens zwei, aber höchstens sechs Schmuggler sind?

52 Regentage treten im Sommer auf Kreta mit einer Wahrscheinlichkeit von 5% auf. Mit welcher Wahrscheinlichkeit erlebt ein Urlauber während seines 20-tägigen Aufenthalts

a) genau 2 Regentage,
b) höchstens 2 Regentage,
c) mehr als 3 Regentage?
d) Mit welcher Wahrscheinlichkeit ist der 4. Regentag (wenn er eintritt) genau der Abreisetag (= 20. Tag)?

53 Von 1000 Bundesbürgern sind 125 Linkshänder. Wie hoch ist die Wahrscheinlichkeit, dass in einer Schulklasse mit 25 Schülern mehr als 4 Linkshänder sitzen?

54 Eine LAPLACE-Münze wird viele Male geworfen.
Wie wahrscheinlich ist es bei 30 bzw. 50 Würfen, dass man eine relative Häufigkeit von „Wappen" erhält, die zwischen 40% und 60% liegt?

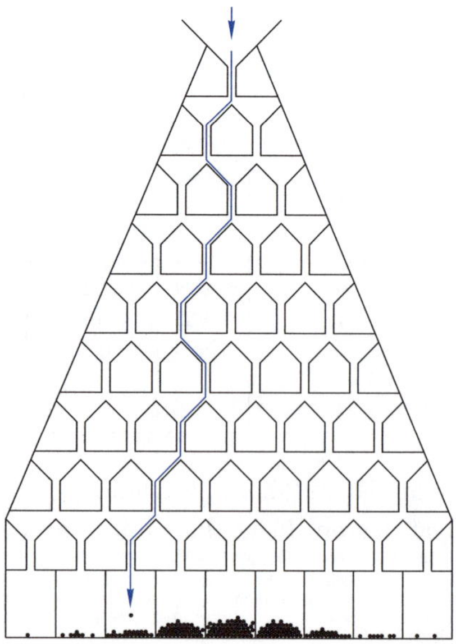

Eine wirklichkeitsnahe Simulation einer Binomialverteilung lässt sich mit dem *GALTON-Brett* erreichen:

Auf einem senkrecht stehenden Brett sind Klötze in der Anordnung eines PASCAL'schen Dreiecks aufgeleimt (siehe Skizze). Unter der letzten Reihe befinden sich Fächer zum Auffangen von Kugeln.
Die Kugeln fallen aus einem Trichter über dem obersten Klotz auf einen Klotz einer Reihe, werden dort mit der Wahrscheinlichkeit $\frac{1}{2}$ entweder nach links oder nach rechts abgelenkt und

treffen anschließend auf einen Klotz der nächsten Reihe, wo dassselbe geschieht. Jede durch das Hindernissystem fallende Kugel wird schließlich in einem der 9 Fächer aufgefangen.
Lässt man nun viele Kugeln, sagen wir 100 oder 200, aus dem Trichter fallen, so sammeln sie sich so in den Fächern an, dass ihre Verteilung ziemlich genau der Binomialverteilung $B(8; 0{,}5)$ entspricht.

Man kann den GALTON-Versuch natürlich auch nur mit einer einzigen Kugel durchführen, indem man eine Strichliste führt, wie oft die Kugel in die einzelnen Fächer fällt.

6.4 Erwartungswert und Standardabweichung

Eine Zufallsgröße X sei binomialverteilt. Die Wertemenge W_X der Zufallsgröße X ist die Menge der Zufallswerte, also die Menge $\{0, 1, \ldots, n\}$.
Hinsichtlich der Trefferzahl interessiert uns besonders die Frage: Welche Trefferzahl ist am wahrscheinlichsten?
Die Antwort kann nur heißen: Der *Erwartungswert* ist der wahrscheinlichste, weil er auf lange Sicht der Mittelwert aller gewichteten Zufallswerte ist. (Vergleichen Sie Abschnitt 5.3.1.)

Wenn wir die Definition des Erwartungswerts $E(X) = \mu$ für eine binomialverteilte Zufallsgröße anwenden, erhalten wir:

$$\mu = E(X) = 0 \cdot B(n; p; 0) + 1 \cdot B(n; p; 1) + \ldots + n \cdot B(n; p; n) =$$

$$= 0 \cdot \binom{n}{0} \cdot p^0 q^n + 1 \cdot \binom{n}{1} \cdot p^1 q^{n-1} + \ldots + n \cdot \binom{n}{n} \cdot p^n q^0 =$$

$$\sum_{i=0}^{n} i \cdot \binom{n}{i} \cdot p^i q^{n-1}$$

Der rechnerische Aufwand, um diese Summe zu berechnen, ist unverhältnismäßig hoch und würde den Rahmen dieses Buches sprengen. Wir müssen uns an dieser Stelle mit dem Ergebnis begnügen:

$\mu = E(X) = n \cdot p$	**Erwartungswert einer binomialen Zufallsgröße**

Merke!

Ist der Erwartungswert ganzzahlig, nimmt die Funktion $B(n; p)$ an der Stelle $\mu = n \cdot p$ den größten Wert an. Die Säule mit der Höhe $B(n; p; \mu)$ ist damit die höchste im Histogramm.

Am Beispiel des folgenden Histogramms der Binomialverteilung $B(5; 0{,}6)$ wird dies deutlich:

$n = 5, p = 0{,}6$

$\Rightarrow \quad \mu = 5 \cdot 0{,}6 = 3$

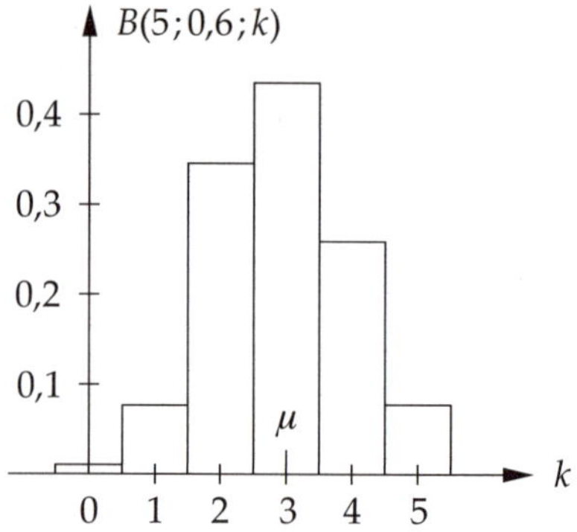

Ist μ nicht ganzzahlig, liegt der Zufallswert der höchsten Säule direkt neben μ. In ähnlicher Weise verfahren wir mit der Varianz. Nach der Definition in Abschnitt 5.3.2 gilt für die Varianz einer binomialverteilten Zufallsgröße X:

$$Var(X) = (0-\mu)^2 \cdot B(n;p;0) + (1-\mu)^2 \cdot B(n;p;1) + \ldots + (n-\mu)^2 \cdot B(n;p;n)$$
$$= (0-\mu)^2 \cdot \binom{n}{0} p^0 q^n + (1-\mu)^2 \cdot \binom{n}{1} p^1 q^{n-1} + \ldots + (n-\mu)^2 \cdot \binom{n}{0} p^n q^0$$

Auch die Berechnung dieser Summe erfordert einen zu großen Rechenaufwand, sodass wir uns mit dem Ergebnis zufriedengeben müssen:

Merke!

$Var(X) = n \cdot p \cdot q = n \cdot p \cdot (1-p)$	**Varianz einer binomialverteilten Zufallsgröße X**
$\sigma(X) = \sqrt{Var(X)} = \sqrt{n \cdot p \cdot q} = \sqrt{n \cdot p \cdot (1-p)}$	**Standardabweichung einer binomialverteilten Zufallsgröße X**

Die Varianz $Var(X) = n \cdot p(1-p)$ ist eine quadratische Funktion der Variablen p (bei fester Zahl n). Ihr Graph ist in einem kartesischen Koordinatensystem ein nach unten geöffnetes Parabelstück mit den Nullstellen $p = 0$ und $p = 1$. Der Scheitel dieser Parabel liegt genau dazwischen, also bei $p = 0{,}5$.
Bei festem n ist daher die Varianz und damit auch die Standardabweichung einer binomialverteilten Zufallsgröße für $p = 0{,}5$ am größten.

Als maximale Werte erhalten wir: $Var_{max}(X) = n \cdot 0{,}5 \cdot 0{,}5 = 0{,}25n$

$$\sigma_{max}(X) = \sqrt{0{,}25n} = 0{,}5\sqrt{n}$$

Beispiel

Beispiel 1:
Man wirft eine LAPLACE-Münze 36-mal. Die Zufallsgröße X sei die Anzahl der geworfenen „Wappen".

Wir erwarten den Mittelwert 18 und bestätigen dies durch die Berechnung des Erwartungswerts μ: $\mu = E(X) = n \cdot p = 36 \cdot 0{,}5 = 18$

Für die Varianz und die Standardabweichung erhalten wir:

$Var(X) = n \cdot p \cdot q = 36 \cdot 0{,}5 \cdot 0{,}5 = 9; \quad \sigma(X) = \sqrt{Var(X)} = \sqrt{9} = 3$

Beispiel

Beispiel 2:
Man wirft einen LAPLACE-Würfel 4-mal und wählt als Zufallsgröße X die Anzahl der geworfenen „Sechsen". Die Wahrscheinlichkeit für eine „Sechs" ist $p = \frac{1}{6}$.

Diese Angaben genügen für die Berechnung des Erwartungswerts, der Varianz und der Standardabweichung:

$$\mu = E(X) = n \cdot p = 4 \cdot \frac{1}{6} = \frac{2}{3} = 0{,}67$$

$$Var(X) = n \cdot p \cdot q = 4 \cdot \frac{1}{6} \cdot \frac{5}{6} = \frac{20}{36} = 0{,}56; \quad \sigma(X) = \sqrt{0{,}56} = 0{,}75$$

Abschließend stellen wir alle wichtigen Größen der Binomialverteilung noch einmal zusammen.

Merke!

- Länge der BERNOULLI-Kette: $n \in \mathbb{N}$
- Parameter = Wahrscheinlichkeit des einzelnen Versuchs innerhalb der BERNOULLI-Kette: $p \in \mathbb{R}$ $(0 < p < 1)$
- Wahrscheinlichkeit des Ereignisses, dass die Zufallsgröße X in der ganzen Kette den Wert k $(k = 0, 1, \ldots, n)$ annimmt:
  $P(X = k) = \binom{n}{k} \cdot p^k \cdot (1 - p)^{n-k}$ $(k = 0, 1, \ldots, n)$
- Erwartungswert der binomialverteilten Zufallsgröße X: $E(X) = n \cdot p$
- Varianz der binomialverteilten Zufallsgröße X: $Var(X) = n \cdot p \cdot (1 - p)$
- Standardabweichung der binomialverteilten Zufallsgröße X:
  $\sigma(X) = \sqrt{n \cdot p \cdot (1 - p)}$

Aufgaben

55 Berechnen Sie Erwartungswert, Varianz und Standardabweichung der Zufallsgröße X: „Anzahl der Wappen beim 64-maligen Wurf einer LAPLACE-Münze".

56 Jens kommt auf dem Oktoberfest an 3 Schießbuden vorbei. Seine Treffsicherheit liegt bei 70 %. Beim ersten Schießstand trifft er mit 10 Schüssen 8-mal, beim zweiten mit 15 Schüssen 12-mal und beim dritten mit 20 Schüssen 16-mal das anvisierte Ziel.
An welchem Stand hatte er relativ gesehen das beste Ergebnis?

7 Testen von Hypothesen

Alle bisherigen Untersuchungen und Berechnungen in der Wahrscheinlichkeitstheorie gehören ausschließlich in den Bereich der *beschreibenden Statistik*. Zu Beginn des 20. Jahrhunderts kam die große Wende in der modernen Statistik in Form der *analytischen* oder *beurteilenden Statistik*.

Um eine Aussage über unbekannte Eigenschaften einer sehr großen Zahl von Objekten oder eine Qualitätskontrolle von Industrieprodukten machen zu können, ist es unmöglich, die Gesamtheit der Objekte durch eine Vollerhebung zu erfassen. Stattdessen entnimmt man eine *Zufallsstichprobe* von relativ wenigen Stücken einer großen Gesamtheit, etwa der gesamten produzierten Ware oder einer größeren Lieferung.
Wir wollen dies am bekannten Urnenbeispiel erläutern:

Die Urne enthalte schwarze und andersfarbige Kugeln unbekannter Zusammensetzung. Wir entnehmen der Urne eine Stichprobe von 5 Kugeln mit Zurücklegen. Die Zufallsgröße X (auch **Testgröße** genannt) ist wie immer die Anzahl der schwarzen Kugeln beim Herausgreifen, ihre Zufallswerte sind die Zahlen 0, 1, 2, 3, 4, 5. Die zugehörige Binomialverteilung lautet daher:

$$P(X = k) = B(5; p; k) = \binom{5}{k} \cdot p^k \cdot (1 - p)^{5-k}$$

In der beschreibenden Statistik wurde der Parameter p immer als bekannt vorausgesetzt. Mit $p = \frac{1}{3}$ erhalten wir beispielsweise für $k = 3$:

$$P(X = 3) = \binom{5}{3} \cdot \left(\frac{1}{3}\right)^3 \cdot \left(\frac{2}{3}\right)^2 = 0{,}165$$

Bei einer *Qualitätskontrolle* dagegen liegt das umgekehrte Problem vor: Der Urneninhalt ist ein Teil der gesamten Produktion, beispielsweise angelieferte Ware aus einer Fabrik. Die schwarzen Kugeln sind die fehlerhaften Stücke darin, aber ihr Anteil p ist *unbekannt*.

Aus dem Stichprobenergebnis müssen wir nun unter allen möglichen Wahrscheinlichkeitsverteilungen die richtige abschätzen.

Eine solche Aussage über die Wahrscheinlichkeit eines Ereignisses heißt **Hypothese** über diese Wahrscheinlichkeit. Eine Hypothese ist eine *Vermutung*. Wenn wir uns für eine bestimmte Hypothese entscheiden, dann vermuten wir, dass die zugehörige Wahrscheinlichkeitsverteilung die richtige ist.

Im einfachsten Fall sind es nur zwei verschiedene Verteilungen, also zwei verschiedene Parameter der Binomialverteilung, zwischen denen man sich entscheiden soll. Das Testen dieser beiden Hypothesen erfolgt durch Beurteilung der Stichprobe aus der Produktion.

7.1 Alternativtest

In diesem Abschnitt geht es um zwei sich ausschließende Hypothesen, zwischen denen man sich entscheiden muss. Man nennt sie daher **Alternativen** und das Verfahren, sich für die eine oder andere zu entscheiden, **Alternativtest**.

Eine Urne enthält 20 Kugeln. Es ist bekannt, dass entweder 2 Kugeln schwarz und 18 weiß sind oder dass 6 Kugeln schwarz und 14 weiß sind.

Der Anteil p der schwarzen Kugeln ist daher entweder $p_1 = \frac{2}{20} = 0{,}1$ oder $p_2 = \frac{6}{20} = 0{,}3$.

Die *Ersthypothese* H_1 lautet nun H_1: $p = p_1 = 0{,}1$ und die *Alternativhypothese* H_2: $p = p_2 = 0{,}3$.

Um den Test durchzuführen, muss eine Stichprobe einer bestimmten *Länge* genommen werden. Dies geschieht beispielsweise durch Ziehen von 5 Kugeln mit Zurücklegen.

Ein mögliches **Entscheidungsverfahren** (auch **Entscheidungsregel** genannt) könnte so aussehen: Ist höchstens eine der gezogenen Kugeln schwarz, das sind in unserem Fall 0 oder 1, wird man sich für die Hypothese H_1 entscheiden (p_1 ist ja kleiner als p_2). Sind dagegen mehr als eine Kugel schwarz (2, 3, 4, 5), wird man sich für die Hypothese H_2 entscheiden.

Die Zahl 1 legt demnach fest, ob wir – je nach dem Ergebnis der Stichprobe – die Ersthypothese H_1 oder die Alternativhypothese H_2 als die richtige Vermutung erachten.
Diese Zahl wird **kritischer Wert** genannt. Der kritische Wert markiert die „Trennlinie", an der anhand der Stichprobenergebnisses über die „Richtigkeit" von H_1 bzw. H_2 entschieden wird.

Wir müssen uns unbedingt darüber im Klaren sein, dass wir bei unserem Entscheidungsverfahren den kritischen Wert 1 „nach Gefühl", also *willkürlich*, festgelegt haben!
Natürlich muss diese Festlegung erfolgen, *bevor* die erste Stichprobe genommen wird.

Man sagt nun: *Die Hypothese H_1 wird angenommen* (als richtig erachtet), wenn bei der Stichprobe das Ereignis E: „$X \leqq 1$" eintritt.
E heißt aus diesem Grund **Annahmebereich der Hypothese H_1**.
Andererseits heißt das Gegenereignis $\overline{E}$: „$X > 1$" **Ablehnungsbereich der Hypothese H_1**. Für diese Bezeichnung sind auch die Synonyme **kritischer Bereich** und **Verwerfungsbereich** gebräuchlich.
Umgekehrt ist natürlich das Ereignis $\overline{E}$: „$X > 1$" der Annahmebereich und E: „$X \leqq 1$" ist der Ablehnungsbereich der Hypothese H_2.

Wie sicher ist es aber, dass das mit unserem kritischen Wert verglichene Stichprobenergebnis auch *wirklich* zur Entscheidung für die richtige Hypothese geführt hat?
Es besteht ja durchaus mit einer gewissen Wahrscheinlichkeit die Möglichkeit, dass die Stichprobe zum Beispiel 4 schwarze Kugeln ergeben hat, obwohl der tatsächliche Anteil der schwarzen Kugeln in der Urne $p_1 = 0{,}1$ beträgt.
Die Wahrscheinlichkeit, dass die Stichprobe zu einer Entscheidung für die falsche Hypothese geführt hat, nennt man **Irrtumswahrscheinlichkeit**.

Vor der Beantwortung unserer Frage sehen wir uns die Binomialverteilungen der Testgröße X (Anzahl der schwarzen Kugeln in der Stichprobe) bei den beiden zur Wahl stehenden Urneninhalten an! Wir benutzen dazu das Tabellenwerk:

Urne 1
($p_1 = 0{,}1$)

k	0	1	2	3	4	5
$B(5; 0{,}1; k)$	0,590	0,328	0,073	0,008	$4{,}5 \cdot 10^{-4}$	$1 \cdot 10^{-5}$

Die Wahrscheinlichkeit, in der Stichprobe höchstens eine schwarze Kugel zu ziehen, beträgt:
$P_1(X \leqq 1) = P_1(X = 0) + P_1(X = 1) = 0{,}590 + 0{,}328 = 0{,}918$
Die Wahrscheinlichkeit des Gegenereignisses $\overline{E}$: „$X > 1$" hat den Wert.
$P_1(X > 1) = 1 - P_1(X \leqq 1) = 1 - 0{,}918 = 0{,}082$

Urne 2
($p_2 = 0{,}3$)

k	0	1	2	3	4	5
$B(5; 0{,}3; k)$	0,168	0,360	0,309	0,132	0,028	0,002

Für die Ereignisse E: „$X \leqq 1$" bzw. $\overline{E}$: „$X > 1$" ergeben sich nun die Wahrscheinlichkeiten:
$P_2(X \leqq 1) = P_2(X = 0) + P_2(X = 1) = 0{,}168 + 0{,}360 = 0{,}528$
$P_2(X > 1) = 1 - P_2(X \leqq 1) = 1 - 0{,}528 = 0{,}472$

Die Entscheidung für oder gegen die Hypothese H_1 wird durch das Ergebnis des Tests ($X \leqq 1$ oder $X > 1$) getroffen. Dabei treten grundsätzlich 4 Fälle auf, die in folgender Tabelle zusammengefasst sind:

Realität	Ergebnis der Stichprobe Annahmebereich von H_1 E: „$X \leqq 1$"	 Ablehnungsbereich von H_1 $\overline{E}$: „$X > 1$"
H_1 ist richtig ($p = 0{,}1$)	richtige Entscheidung	Fehlentscheidung
H_2 ist richtig ($p = 0{,}3$)	Fehlentscheidung	richtige Entscheidung

- *Richtig entschieden* wird also nur dann, wenn der Inhalt von Urne 1 vorliegt ($p = 0{,}1$) und E: „$X \leqq 1$" eintritt, oder
  wenn der Inhalt von Urne 2 vorliegt ($p = 0{,}3$) und $\overline{E}$: „$X > 1$" eintritt.
- Eine *Fehlentscheidung* kommt zustande, wenn der Inhalt von Urne 1 vorliegt und $\overline{E}$: „$X > 1$" eintritt, oder
  wenn der Inhalt von Urne 2 vorliegt und E: „$X \leqq 1$" eintritt.

Die Tabelle wird also nach folgendem Prinzip erstellt:

Merke!

Wir entscheiden richtig, wenn beim *kleineren* Parameter p die Zufallsgröße X *kleiner* oder *gleich* dem kritischen Wert a ist und wenn beim *größeren* Parameter p die Zufallsgröße X *größer* als a ist.

Die Tabelle beschreibt natürlich nicht die „Wahrheit", sondern sie wertet nach formalen Gesichtspunkten das Entscheidungsverfahren aus:
Wir hatten uns für einen Parameter p entschieden, die Stichprobenlänge k und einen kritischen Wert a festgelegt, und das Testergebnis X entscheidet nun anhand der Tabelle darüber, ob der Parameter p, für den wir uns entschieden haben, „stimmt".

Wir dürfen aber nicht vergessen, dass es aufgrund der prinzipiellen Unsicherheit einer Stichprobe immer die Irrtumswahrscheinlichkeit gibt. Genau genommen gibt es zwei Möglichkeiten, sich zu irren:

- Der tatsächlich vorliegende Parameter p_1 wird aufgrund der Stichprobe nicht richtig erkannt.
- Der tatsächlich vorliegende Parameter p_2 wird fälschlich als Parameter p_1 „erkannt".

Die Irrtumswahrscheinlichkeiten $P_1(\overline{E})$ bzw. $P_2(E)$ bezeichnen wir im Folgenden mit **Fehler 1. Art** (α) bzw. **Fehler 2. Art** (β).

Merke!

Wenn der Hypothese H_1 der *kleinere* Parameter zugeordnet ist, dann ist der Fehler 1. Art die Wahrscheinlichkeit $P_1(X > a)$ und der Fehler 2. Art die Wahrscheinlichkeit $P_2(X \leqq a)$.
Wenn der Hypothese H_1 der *größere* Parameter zugeordnet ist, dann ist der Fehler 1. Art der Wahrscheinlichkeit $P_1(X \leqq a)$ und der Fehler 2. Art die Wahrscheinlichkeit $P_2(X > a)$.

Der Fehler 1. bzw. 2. Art ist also nichts anderes als die Wahrscheinlichkeit, die Hypothese H_1 bzw. H_2 irrtümlich zu verwerfen.

In unserem Beispiel erhalten wir für α und β die Werte: $\alpha = 0{,}082$ und $\beta = 0{,}528$

Was besagen nun diese beiden Irrtumswahrscheinlichkeiten α und β in der Praxis?

Nehmen wir einmal an, wir müssten in der Abteilung „Qualitätskontrolle" Lieferungen von Werkstück-Chargen mit dem beschriebenen Entscheidungsverfahren „$X \leqq 1$" oder „$X > 1$" beurteilen. Dann würden wir in 92 % der Fälle, in denen die bessere Qualität vorliegt ($p_1 = 0{,}1$), diese aus der Stichprobe richtig erkennen, der Fehler 1. Art beträgt ja nur 8 %.
Der andere mögliche Irrtum, die Lieferung mit der schlechteren Qualität ($p_2 = 0{,}3$) für besser zu befinden, als sie in Wirklichkeit ist, wird aber mit 47 % in Kauf genommen!

Der beschriebene Test ist also nur dann brauchbar, wenn man interessiert ist, möglichst selten die bessere Qualität abzulehnen. Sollen dagegen strengere Maßstäbe an die Qualität angelegt werden, müsste der Annahmebereich der Hypothese H_1 verkleinert werden. Dies werden wir jetzt tun:

Unser Kriterium soll dahin gehend verschärft werden, dass überhaupt keine schwarze Kugel in der Stichprobe enthalten sein darf, wenn man sich für die Hypothese H_1 ($p_1 = 0{,}1$) entscheidet. Das heißt, H_1 wird beim Eintreten des Ereignisses E: „$X = 0$" angenommen und beim Ereignis $\overline{E}$: „$X > 0$" abgelehnt.

Aus den beiden Tabellen entnehmen wir für $p = 0{,}1$ den Fehler 1. Art:

$$\alpha = P_1(X > 0) = 1 - P_1(X = 0) = 1 - 0{,}590 = 0{,}410$$

und für $p = 0{,}3$ den Fehler 2. Art:

$$\beta = P_2(X = 0) = 0{,}168$$

Die Gefahr, zu oft die schlechtere Ware für gut zu halten, ist kleiner geworden (16,8 %). Andererseits werden aber nun 41 % der besseren Ware irrtümlich für schlecht gehalten.

Merke!

Eine Verkleinerung des Fehlers 1. Art wird erkauft durch eine Vergrößerung des Fehlers 2. Art und umgekehrt.

Gemeinsam können der Fehler 1. Art und der Fehler 2. Art nur kleiner gemacht werden, wenn man die Länge der Stichprobe erhöht.

Beispiel

Beispiel 1:
Die Hypothese H_1: $p_1 = 0{,}2$ soll gegen die Hypothese H_2: $p_2 = 0{,}5$ anhand einer Stichprobe vom Umfang 15 getestet werden!

Wie sich bei der Entscheidungsregel E: „$X \leqq a$" für den Annahmebereich von H_1 die Fehler 1. und 2. Art ändern, lässt sich sehr schön anhand der beiden Histogramme darstellen:

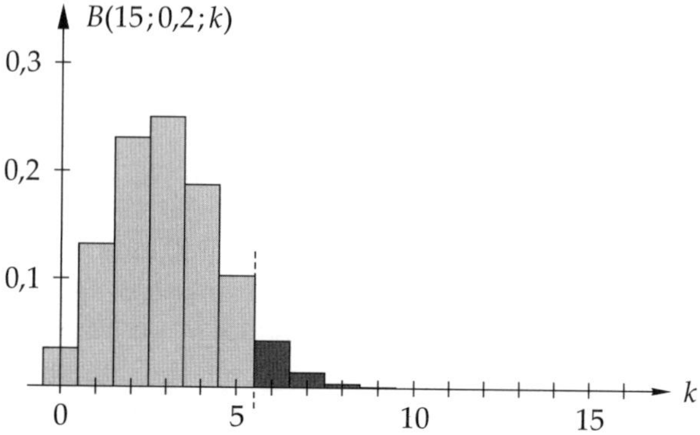

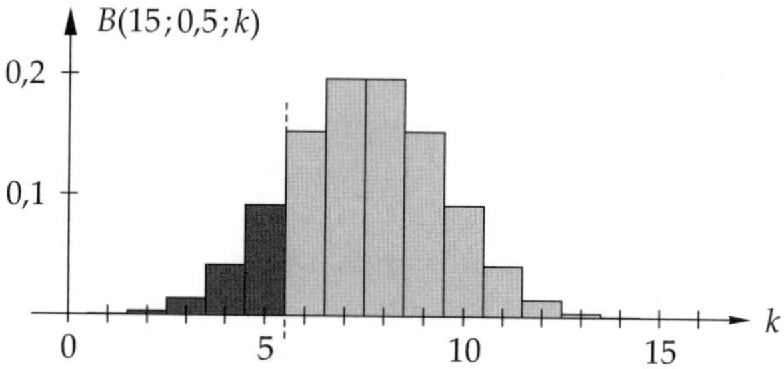

Für den Fall $a = 5$ zeichnen wir in beiden Histogrammen eine „Trennungsgerade" bei 5,5 ein. Im ersten Histogramm gibt dann der Inhalt der rechts von dieser Geraden liegenden Fläche (dunkel gerastert) die Wahrscheinlichkeit für den Fehler 1. Art an. Die Wahrscheinlichkeit für den Fehler 2. Art ist dagegen der Inhalt der links von der Geraden liegenden Fläche im 2. Histogramm (ebenfalls dunkel gerastert).

Man sieht hier deutlich, wie sich für andere Werte von a eine Verschiebung der Trennungsgeraden auf die Fehler-Wahrscheinlichkeiten auswirkt. So wird zum Beispiel bei einem größeren Wert von a der Fehler 1. Art kleiner (erstes Histogramm), während der Fehler 2. Art im zweiten Histogramm größer wird.

Aufgabe **57** Von einer Urne mit 10 Kugeln ist bekannt, dass sie entweder 3 rote und 7 weiße Kugeln oder 6 rote und 4 weiße Kugeln enthält. In der Hypothese H_1 gilt für den Anteil der roten Kugeln: $p_1 = 0{,}3$, in der Alternativhypothese H_2 gilt $p_2 = 0{,}6$.

Es wird eine Stichprobe der Länge 5 mit Zurücklegen der gezogenen Kugeln genommen. Das Entscheidungskriterium soll lauten (die Testgröße X ist die Anzahl der roten Kugeln in der Stichprobe):

$X < 3$: Entscheidung für H_1

$X \geqq 3$: Entscheidung für H_2

Welche Fehler 1. und 2. Art treten auf?

Bei manchen Aufgaben muss man den umgekehrten Weg beschreiten:
Man kennt die beiden Hypothesen und außerdem eine obere Schranke für den Fehler 1. Art. Damit soll eine Entscheidungsregel gefunden werden, sodass diese Schranke nicht überschritten wird. Dies wird im folgenden Beispiel gezeigt.

Beispiel

Beispiel 2:
Ein Baumarkt erhält Schachteln mit Schrauben. Ein Teil der Schachteln enthält A-Qualität, was eine Ausschussquote von 10 % bedeutet. Die restlichen Schachteln enthalten B-Qualität mit einem Ausschussanteil von 30 %. Auf den Schachteln findet sich leider keine Kennzeichnung, welche Qualität enthalten ist.
Die Hypothesen H_1 und H_2 werden durch ihre Parameter p festgelegt: H_1: $p_1 = 0{,}1$ und H_2: $p_2 = 0{,}3$.

Wir entschließen uns für eine Stichprobe der Länge 10 und für eine obere Schranke des Fehlers 1. Art von 2 %, was $\alpha \leqq 0{,}02$ bedeutet.
Welche Entscheidungsregel (E: „$X \leqq a$" Entscheidung für H_1 bzw. $\overline{E}$: „$X > a$" Entscheidung für H_2) müssen wir aufstellen?
Diese Frage bedeutet: Wir suchen nach dem kritischen Wert a, der den Ablehnungsbereich vom Annahmebereich von H_1 trennt.

Zunächst berechnen wir in allgemeiner Rechnung den Fehler 1. Art:

$$\alpha = P_1(\overline{E}) = P_1(X > a) = \sum_{i=a+1}^{n} B(10; 0{,}1; i) = 1 - \sum_{i=0}^{a} B(10; 0{,}1; i) =$$
$$= 1 - F_{0,1}^{10}(a) \leqq 0{,}02$$

Daraus ergibt sich: $F_{0,1}^{10}(a) \geqq 0{,}98$

Die letzte Ungleichung ist unter Benutzung des Tabellenwerks erfüllt für $a \geqq 3$, also für $a = 3, 4, 5, \ldots, 10$.
Die Hypothese H_1 für die bessere Qualität wird also angenommen, wenn höchstens 3 Schrauben der Stichprobe fehlerhaft sind. Dann ist der Fehler 1. Art, die bessere Qualität zu verwerfen, auf 2 % gedrückt.

Wie schon gesagt, die Wahrscheinlichkeit für den Fehler 2. Art wächst dagegen an, hier auf 65 %, was bedeutet, dass Schachteln mit schlechter Qualität zu 65 % falsch klassifiziert werden.

Aufgabe

58 Von zwei äußerlich nicht zu unterscheidenden Würfeln weiß man, dass einer ein fairer Würfel und der andere ein gezinkter Würfel ist. Die Wahrscheinlichkeit, eine „Sechs" zu würfeln, beträgt beim fairen Würfel $\frac{1}{6}$, beim anderen nur $\frac{1}{8}$.
Jemand behauptet: Erzielt man bei 100 Würfen mit einem der beiden Würfel höchstens 15-mal die Sechs, ist es der gezinkte Würfel!

Mit welcher Wahrscheinlichkeit wird diese Behauptung

a) irrtümlich verworfen?
b) irrtümlich angenommen?

7.2 Signifikanztest

Leider kommen wir nicht immer in die glückliche Lage, uns nur zwischen zwei einfachen Hypothesen entscheiden zu müssen. Oft ist die Auswahl größer und die Entscheidung schwieriger zu treffen.

Es kann aber auch vorkommen, und das ist nicht selten der Fall, dass nur *eine einzige* Hypothese getestet werden soll.
Ein Test, bei dem nur eine Hypothese angeboten wird und man sich entweder für oder gegen diese Hypothese entscheidet, wird *Signifikanztest* genannt. Die Hypothese selbst heißt dann **Nullhypothese** H_0 mit einer bestimmten Trefferwahrscheinlichkeit $p = p_0$ (H_0: „Es regnet"). Die Negation von H_0 wird **Gegenhypothese** H_1 mit einer Trefferwahrscheinlichkeit $p \neq p_0$ genannt (H_1: „Es regnet nicht").

Die Tabelle und die Bezeichnungen („α-Fehler", „β-Fehler") aus dem vorhergehenden Abschnitt können wir für den Signifikanztest übernehmen. Wir müssen aber beachten, dass H_1 zu H_0 und H_2 zu H_1 umbenannt wurden.

Wir betrachten wieder eine Urne mit 20 Kugeln; ein Teil davon ist schwarz, der andere weiß. Jemand behauptet, eine der beiden Farben überwiege.

Für diese Hypothese ist die Trefferwahrscheinlichkeit beim Ziehen einer Kugel unbekannt, aber für die gegenteilige Behauptung („keine der beiden Farben überwiegt") kennen wir die Trefferwahrscheinlichkeit!
Daher erhalten wir aus dieser Behauptung unsere Nullhypothese H_0: „Der Anteil der schwarzen und der weißen Kugeln ist gleich." Ihr Parameter p_0 beträgt demnach $\frac{1}{2}$.
H_0 muss nun getestet werden. Zu diesem Zweck wird eine Stichprobe der Länge 10 genommen. Die Testgröße X sei die Zahl der scharzen Kugeln in der Stichprobe.

Von einem Entscheidungsverfahren wird üblicherweise verlangt, dass die irrtümliche Ablehnung der Nullhypothese, also der Fehler 1. Art, mit möglichst geringer Wahrscheinlichkeit erfolgen soll. Der Annahmebereich E von H_0 muss also so groß sein, dass die Nullhypothese erst dann abgelehnt wird, wenn das Ergebnis der Stichprobe deutlich (*signifikant*) der Nullhypothese widerspricht.
Wir versuchen dies mit folgender Entscheidungsregel zu erreichen:

Ereignis E: „$2 \leqq X \leqq 8$" (H_0 wird angenommen.)
Ereignis $\overline{E}$: „$X < 2 \vee X > 8$" (H_0 wird abgelehnt.)

Wir berechnen, mit welcher Wahrscheinlichkeit H_0 abgelehnt wird, also den Fehler 1. Art:

$$\alpha = P(\overline{E}) = P(X < 2) + P(X > 8) = P(X = 0) + P(X = 1) + P(X = 9) + P(X = 10)$$
$$= \binom{10}{0} \cdot 0{,}5^0 \cdot 0{,}5^{10} + \binom{10}{1} \cdot 0{,}5^1 \cdot 0{,}5^9 + \binom{10}{9} \cdot 0{,}5^9 \cdot 0{,}5^1 + \binom{10}{10} \cdot 0{,}5^{10} \cdot 0{,}5^0$$
$$= (1 + 10 + 10 + 1) \cdot 0{,}5^{10} = 22 \cdot 0{,}5^{10} = 0{,}0215$$

(Die Berechnung kann auch über das Tabellenwerk erfolgen!)

Der Fehler 1. Art, auch **Signifikanzniveau** α genannt, beträgt nur 2,15 %, dagegen beträgt die sogenannte **Sicherheitswahrscheinlichkeit** γ ca. 98 %: $\gamma = 1 - \alpha = 0{,}9785$

Diese Ergebnisse besagen: Wenn in der Stichprobe die Zahl der gezogenen schwarzen Kugeln im Bereich [2; 8] liegt, dann haben wir eine fast 98 %ige Sicherheit, dass die Urne die gleiche Anzahl von schwarzen und weißen Kugeln enthält.
Ziehen wir dagegen keine, nur eine, neun oder gar 10 schwarze Kugeln bei der Stichprobe, dann kann man sagen: Die Zahl der schwarzen Kugeln ist nicht gleich der Zahl der weißen Kugeln. Die Wahrscheinlichkeit, sich dabei zu irren, beträgt nur 2,15 %.

Beispiel

Beispiel 1:
„Jedes dritte Los gewinnt!“, lautet die Ankündigung eines Losverkäufers. Ein misstrauischer Kunde will diese Behauptung testen. Er will 30 Lose kaufen und die Lotterie verklagen, wenn er in diesen 30 Losen weniger als 8 Gewinne vorfindet.

Die Nullhypothese H_0 heißt: $p = \frac{1}{3}$

Die Gegenhypothese H_1 des Käufers heißt: $p < \frac{1}{3}$

Die Testgröße X sei die Anzahl der Treffer bei einer Stichprobe von 30 Losen.

Realität	Annahmebereich von H_0 E: „$X \geqq 8$“	Ablehnungsbereich von H_0 $\overline{E}$: „$X < 8$“
H_0 ist richtig $\left(p = \frac{1}{3}\right)$	richtige Entscheidung	Fehlentscheidung (α-Fehler)
H_1 ist richtig $\left(p < \frac{1}{3}\right)$	Fehlentscheidung	richtige Entscheidung

Berechnung des Signifikanzniveaus α:
$\alpha = P_0(\overline{E}) = P_0(0 \leqq X \leqq 7) = F^{30}_{\frac{1}{3}}(7) = 0{,}166\,78$

Sollte die Ankündigung des Losverkäufers richtig sein, der Kunde aber weniger als 8 Gewinnlose erhalten, muss er mit 16,7 % Wahrscheinlichkeit damit rechnen, dass er seine Betrugsanzeige zu Unrecht erstattet.

In diesem Beispiel bestand der Ablehnungsbereich von H_0 aus einem einzigen Intervall [0; 7]. In diesem Fall spricht man von einem **einseitigen** Signifikanztest.

Wird der Ablehnungsbereich wie bei der Urne mit 20 Kugeln in zwei Intervalle aufgeteilt (der Annahmebereich liegt dann dazwischen), ist es ein **zweiseitiger** Test; so auch im nächsten Fall:

Beispiel

Beispiel 2:

Herr Zweifel will nicht glauben, dass der ihm vorgelegte Würfel ein fairer Würfel, also ein LAPLACE-Würfel ist. Er ist bereit, sein Urteil zu revidieren, wenn er bei 100 Würfen mindestens 10-mal, aber höchstens 23-mal die Augenzahl 6 erzielt.

Mit welcher Wahrscheinlichkeit weist Herr Zweifel die Behauptung: „Es ist ein fairer Würfel" irrtümlich zurück?

Die Nullhypothese H_0 heißt: „Der Würfel ist fair" $\left(p = \frac{1}{6}\right)$. Die Stichprobe hat die Länge 100 und X ist die Anzahl der gewürfelten Sechsen.

Das Ereignis E: „$10 \leqq X \leqq 23$" kennzeichnet den Annahmebereich, das Ereignis $\overline{E}$: „$X < 10 \vee X > 23$" den Ablehnungsbereich von H_0 bei 100 Würfen.

Mithilfe des Tabellenwerks berechnen wir das Signifikanzniveau:

$$\alpha = P_0(\overline{E}) = P_0(X < 10) + P_0(X > 23) = P(X \leqq 9) + 1 - P(X \leqq 23)$$
$$= F^{100}_{\frac{1}{6}}(9) + 1 - F^{100}_{\frac{1}{6}}(23) = 0{,}02129 + 1 - 0{,}96214 = 0{,}05915$$

Herr Zweifel weist in 5,9 % aller Fälle die Behauptung „Es ist ein fairer Würfel" zu Unrecht zurück.

Aufgabe

59 Einem Schüler wird ein Fragebogen mit 50 Fragen vorgelegt, die mit „Ja" oder „Nein" zu beantworten sind. Der Prüfer vermutet, dass sich der Schüler nur auf das Raten verlässt. Um seine Vermutung zu testen, greift er zu folgender Entscheidungsregel:
Gibt der Schüler mehr als 35 richtige Antworten, geht er von seiner Vermutung ab und nimmt an, dass die richtigen Antworten aufgrund von gelernten Kenntnissen gegeben wurden.

Wie groß ist die Wahrscheinlichkeit, dem Schüler irrtümlich Wissen zu bescheinigen?

In der Praxis der Hypothesentests wird man oft die umgekehrte Problemstellung vorfinden:
Wie soll man bei vorgegebenem Stichprobenumfang die Entscheidungsregel so festlegen, dass ein vorgegebenes Signifikanzniveau nicht überschritten wird?

Wir kehren also die Fragestellung der Beispiele 1 und 2 um.

Beispiel

Beispiel 3: – Die Umkehrung von Beispiel 1:

Welchen Annahme- bzw. Ablehnungsbereich wird der misstrauische Kunde des Losverkäufers festlegen, damit der Test ein Signifikanznivau von 1% nicht überschreitet?

Wie im Beispiel 1 gilt für die Nullhypothese H_0: $p = \frac{1}{3}$ und für die Gegenhypothese H_1: $p < \frac{1}{3}$. Stichprobenlänge ist 30.

Der Fehler 1. Art, das Signifikanzniveau α, lässt sich zunächst allgemein berechnen und dann unter den Wert 0,01 drücken:

$$\alpha = P_0(X \leqq a) = \sum_{i=0}^{a} B\left(30; \frac{1}{3}; i\right) = F_{\frac{1}{3}}^{30}(a) \leqq 0{,}01$$

Mit den Tabellenwerten findet man $a = 3$, das ergibt einen Annahmebereich E: „$X > 3$" und einen Ablehnungsbereich $\overline{E}$: „$X \leqq 3$" für die Hypothese H_0.

Der Kunde kauft also 30 Lose und lehnt die Hypothese „Jedes 3. Los gewinnt" nur dann ab, wenn er weniger als 4 Gewinne erzielt. Dann liegt der Test *auf dem Signifikanzniveau 1%*.

Beispiel

Beispiel 4 – Die Umkehrung von Beispiel 2:

Welchen Annahme- bzw. Ablehnungsbereich wird Herr Zweifel festlegen, damit die Wahrscheinlichkeit, den fairen Würfel zurückzuweisen, kleiner als 1% ist?
Wie im Beispiel 3 spricht man von einem Test auf dem Signifikanzniveau 1% und wie im Beispiel 2 gilt für die Nullhypothese H_0: $p = \frac{1}{6}$ und für die Gegenhypothese H_1: $p \neq \frac{1}{6}$. Stichprobenlänge ist 100.

Der Annahmebereich der Hypothese H_0 ist jetzt unbekannt, erstreckt sich von einer Zahl a bis zur Zahl b, das kennzeichnende Ereignis E heißt deshalb E: „$a \leqq X \leqq b$".
Der Test ist zweiseitig, also ist der Ablehnungsbereich von H_0 eine Vereinigungsmenge zweier Intervalle. Für das Gegenereignis $\overline{E}$ gilt daher:
$\overline{E}$: „$0 \leqq X \leqq a - 1 \vee b + 1 \leqq X \leqq 100$"

Da der Ablehnungsbereich in zwei gleichgewichtete Intervalle geteilt werden soll, sind die Irrtumswahrscheinlichkeiten der beiden Teile gleich groß,

das heißt in unserem Fall höchstens 0,5 % (zusammen sollen sie ja nicht mehr als 1 % betragen).
Das liefert nun mit der Binomialverteilung den Ansatz:

$$\sum_{i=0}^{a-1} B\left(100; \frac{1}{6}; i\right) = F^{100}_{\frac{1}{6}}(a-1) < 0{,}005$$

Dem Tabellenwerk der Binomialverteilung entnehmen wir für die Zahl $a-1$ den Wert 7, das bedeutet $a = 8$.

Auf der anderen Seite des Annahmebereichs spielt sich Ähnliches ab. Der Ansatz für die unbekannte Zahl b lautet hier:

$$\sum_{i=b+1}^{100} B\left(100; \frac{1}{6}; i\right) = 1 - \sum_{i=0}^{b} B\left(100; \frac{1}{6}; i\right) = 1 - F^{100}_{\frac{1}{6}}(b) < 0{,}005$$

$$\Rightarrow \quad F^{100}_{\frac{1}{6}}(b) > 0{,}995 \quad \Rightarrow \quad b = 27$$

Herr Zweifel muss daher die Entscheidungsregel neu formulieren:
Er erkennt die LAPLACE-Eigenschaft des Würfels an, wenn er bei 100 Würfen mindestens 8-mal und höchstens 27-mal die Sechs erzielt. In allen anderen Fällen lehnt er die Behauptung „Es handelt sich um einen fairen Würfel" ab. Das Signifikanzniveau liegt dabei auf 1 %.

Beispiel

Beispiel 5:
Ein Lieferant von Tulpenzwiebeln teilt einem Gartencenter mit, der Pilzbefall der gelieferten Zwiebeln sei ziemlich genau 10 %. Er vereinbart mit dem Käufer einen Rabatt, falls sich bei einem Test der Pilzbefall größer als 10 % herausstellen sollte.
Beide kommen überein, eine Stichprobe vom Umfang 25 zu entnehmen. Der Lieferant nimmt ein Risiko von maximal 5 % in Kauf, zu Unrecht einen Rabatt gewähren zu müssen. Auf welche Entscheidungsregel werden sie sich einigen?

Die Nullhypothese lautet $H_0\colon p = 0{,}1$ für einen Pilzbefall von 10 %. Die Gegenhypothese des Käufers lautet $H_1\colon p > 0{,}1$. Die Anzahl der pilzbefallenen Zwiebeln in der Stichprobe sei X.

Da es sich um einen rechtsseitigen Test handelt, ist E: „$X \leqq a$" der Annahmebereich und $\overline{E}$: „$X > a$" der Ablehnungsbereich von H_0. Wegen des vereinbarten Signifikanzniveaus von 5 % muss gelten:

$$\alpha = P_0(X > a) = 1 - P_0(X \leqq a) = 1 - F^{25}_{0,1}(a) \leqq 0{,}05 \quad \Rightarrow \quad F^{25}_{0,1}(a) \geqq 0{,}95$$

In der Tabelle finden wir 0,96660 als ersten Wert, der 0,95 überspringt. Damit ist $a = 5$ und der Ablehnungsbereich von H_0 heißt $\overline{E}$: „$X > 5$".

Finden sich also bei der Stichprobe mehr als 5 pilzbefallene Zwiebeln, müsste der Lieferant dem Gartencenter einen Rabatt gewähren. Die Wahrscheinlichkeit, dass dies geschieht, beträgt maximal 5 %.

Bei den Aufgaben zu den Hypothesentests unterscheidet man zwei Aufgabentypen:

Aufgabentyp I

Gegeben ist der Annahme- bzw. Ablehnungsbereich der Nullhypothese, gesucht ist der α-Fehler.

Den α-Fehler, also den Fehler 1. Art, finden Sie immer im *Ablehnungsbereich der Nullhypothese* H_0. Dazu müssen Sie die Wahrscheinlichkeit des zugehörigen Ereignisses $\overline{E}$ in der Binomialverteilung bestimmen.

Man unterscheidet drei Fälle:

Fall I.a **linksseitiger Test**: H_0: $p = p_0$ und H_1: $p < p_0$

Realität	Annahmebereich von H_0 E: „$a \leqq X \leqq n$"	Ablehnungsbereich von H_0 $\overline{E}$: „$0 \leqq X \leqq a - 1$"
H_0: $p = p_0$	richtige Entscheidung	α-Fehler
H_1: $p < p_0$	β-Fehler	richtige Entscheidung

Fall I.b **zweiseitiger Test**: H_0: $p = p_0$ und H_1: $p \neq p_0$

Realität	Annahmebereich von H_0 E: „$a \leqq X \leqq b$"	Ablehnungsbereich von H_0 $\overline{E}$: „$0 \leqq X \leqq a - 1 \vee$ $b + 1 \leqq X \leqq n$"
H_0: $p = p_0$	richtige Entscheidung	$\alpha = \alpha_{\text{links}} + \alpha_{\text{rechts}}$
H_1: $p \neq p_0$	β-Fehler	richtige Entscheidung

Fall I.c **rechtsseitiger Test**: H_0: $p = p_0$ und H_1: $p > p_0$

Realität	Annahmebereich von H_0 E: „$0 \leqq X \leqq a$"	Ablehnungsbereich von H_0 $\overline{E}$: „$a + 1 \leqq X \leqq n$"
H_0: $p = p_0$	richtige Entscheidung	α-Fehler
H_1: $p > p_0$	β-Fehler	richtige Entscheidung

Aufgabentyp II

Gegeben ist das Signifikanzniveau α, das nicht überschritten werden soll, gesucht ist der Annahme- bzw. Ablehnungsbereich der Nullhypothese.

Man unterscheidet auch hier die drei Fälle:

Fall II.a **linksseitiger Test**: H_0: $p = p_0$ und H_1: $p < p_0$

Realität	Annahmebereich von H_0 E: „$a \leqq X \leqq n$"	Ablehnungsbereich von H_0 $\overline{E}$: „$0 \leqq X \leqq a - 1$"
H_0: $p = p_0$	richtige Entscheidung	$P_0(\overline{E}) \leqq \alpha$
H_1: $p < p_0$	β-Fehler	richtige Entscheidung

Fall II.b **zweiseitiger Test**: H_0: $p = p_0$ und H_1: $p \neq p_0$

Realität	Annahmebereich von H_0 E: „$a \leqq X \leqq b$"	Ablehnungsbereich von H_0 $\overline{E}$: „$0 \leqq X \leqq a - 1 \vee$ $b + 1 \leqq X \leqq n$"
H_0: $p = p_0$	richtige Entscheidung	$P_0(\overline{E}) \leqq \frac{\alpha}{2} + \frac{\alpha}{2}$
H_1: $p \neq p_0$	β-Fehler	richtige Entscheidung

Fall II.c **rechtsseitiger Test:** H_0: $p = p_0$ und H_1: $p > p_0$

Realität	Annahmebereich von H_0 E: „$0 \leqq X \leqq a$"	Ablehnungsbereich von H_0 $\overline{E}$: „$a + 1 \leqq X \leqq n$"
H_0: $p = p_0$	richtige Entscheidung	$P_0(\overline{E}) \leqq \alpha$
H_1: $p > p_0$	β-Fehler	richtige Entscheidung

Aufgaben

60 Ein Arzt behauptet, eine neue, risikolose Methode entwickelt zu haben, um das Geschlecht eines Kindes mehrere Monate vor der Geburt mit 90%iger Sicherheit zu bestimmen. Seine Behauptung soll getestet werden. Sind von 30 Vorhersagen mindestens 25 richtig, so soll seine Methode als gesichert angesehen werden.

a) Wie groß ist die Wahrscheinlichkeit, dass die Methode abgelehnt wird, obwohl der Arzt recht hat?
b) Wie muss die Entscheidungsregel lauten, damit die Methode mit höchstens 1% Wahrscheinlichkeit irrtümlich abgelehnt wird?

61 Bei der letzten Wahl erhielt die Partei CPS 35 % der Stimmen. Ein Meinungsforschungsinstitut befragt ein Jahr später 100 zufällig ausgewählte Bürger, ob sie die CPS wieder wählen würden. Man will die Hypothese prüfen, dass sich der Anteil der CPS-freundlichen Wähler nicht geändert hat.
Geben Sie ein Testverfahren auf dem Signifikanzniveau 1 % an.

62 Ein Wunderheiler verkündet, dass sein Haarwasser in mehr als 75 % aller Fälle bei Kahlköpfigkeit wirksam sei. Von 100 befragten Patienten sagen 83, dass sie das Haarwasser mit Erfolg angewendet hätten.
Wie groß ist die Wahrscheinlichkeit für den Fehler 1. Art (die Behauptung zu glauben, obwohl sie nicht stimmt)?

63 Ein Gewerkschaftssprecher behauptet: „Jeder zweite Arbeitnehmer unserer Stadt verdient weniger als 1000 € im Monat.“ Eine Umfrage unter 200 zufällig ausgewählten Arbeitnehmern ergibt, dass nur 85 ein Monatseinkommen unter 1000 € haben.
Auf welchem Signifikanzniveau kann die Behauptung abgelehnt werden?

64 Eine Partei möchte vor einer Wahl erkunden, ob ihr Kandidat mit der absoluten Mehrheit rechnen kann. Dazu sollen 200 zufällig ausgewählte Bürger befragt werden. Entscheiden sich weniger als 110 für den Kandidaten, geht die Partei davon aus, dass die absolute Mehrheit nicht erreicht wird.
Auf welchem Signifikanzniveau kann diese Annahme doch noch verworfen werden?

Lösungen

Kapitel 1 – Grundlegende Begriffe und Zusammenhänge

Seite 12

1

Bei der Münze gibt es nur die beiden Möglichkeiten „Wappen" (W) oder „Zahl" (Z), beim Würfel dagegen die Augenzahl von 1 bis 6.
Beim gleichzeitigen Wurf von Münze und Würfel sind die Ergebnisse Wertepaare, in denen an erster Stelle W oder Z und an zweiter Stelle 1, 2, 3, 4, 5 oder 6 steht (oder umgekehrt). Die Ergebnisse lassen sich in der Menge Ω zusammenfassen:

$\Omega : \{(W, 1), (W, 2), (W, 3), (W, 4), (W, 5), (W, 6), (Z, 1), (Z, 2), (Z, 3), (Z, 4), (Z, 5), (Z, 6)\}$

Möglich ist auch die kürzere Schreibweise:

$\Omega = \{W1, W2, W3, W4, W5, W6, Z1, Z2, Z3, Z4, Z5, Z6\}$

Die Mächtigkeit von Ω ist die Anzahl der Elemente von Ω, sie beträgt $6 \cdot 2 = 12$.

2

Bei dieser Aufgabe sind nicht die einzelnen Augenzahlen der Würfel die Ergebnisse des Zufallsexperiments, sondern nur ihre Summe, die sogenannte *Augensumme*. Dementsprechend setzt sich der Ergebnisraum aus Augensummen zusammen: Zwei „Einsen" ergeben die (kleinste) Augensumme 2, zwei „Sechsen" die (größte) Augensumme 12. Eine gewürfelte „Fünf" und eine „Drei" haben die Augensumme 8, ebenso eine „Sechs" und eine „Zwei".

Der Ergebnisraum besteht daher aus den Augensummen von 2 bis 12:
$\Omega = \{2, 3, 4, 5, 6, 7, 8, 9, 10, 11, 12\}$
Die Mächtigkeit von Ω beträgt also 11.

3

Da nur eine schwarze Kugel vorhanden ist, gibt es das Ergebnis schwarz-schwarz (ss) nicht. Sonst ist jede Zugfolge möglich:

$\Omega = \{rr, rs, rw, sr, sw, wr, ws, ww\} \quad \Rightarrow \quad |\Omega| = 8$

4

Da es beim gleichzeitigen Griff von 3 Kugeln nur auf das Ergebnis ankommt, das wir in der Hand halten (eine Zug*reihenfolge* wäre nur beim *Ziehen nacheinander* von Bedeutung), brauchen wir keinen Unterschied zu machen zwischen Ergebnissen wie bbw, bwb oder wbb (2 blaue und 1 weiße Kugel).
Damit wir beim Anschreiben der Ergebnisse keines übersehen, ist eine systematische Vorgehensweise empfehlenswert: Zuerst schreiben wir alle Ergebnisse mit drei blauen Kugeln an, dann die mit zwei blauen, dann die mit nur einer und zum Schluss die ohne blaue Kugeln. So erhalten wir den Ergebnisraum
$\Omega = \{bbb, bbg, bbw, bgg, bww, bgw, ggg, ggw, gww, www\}$ und seine Mächtigkeit 10.

(Natürlich könnten wir die 10 Ergebnisse beispielsweise auch nach der Anzahl der grünen Kugeln eines Griffes einteilen:
$\Omega = \{ggg, ggb, ggw, gbb, gww, gbw, bbb, bbw, bww, www\}$)

Seite 14

5

Die erste wie die zweite Ziffer der zweistelligen Zahl, die das Ergebnis unseres Experiments darstellt, wird aus der Menge {1, 2, 3, 4} entnommen.
Der Ergebnisraum lautet demnach:
$\Omega = \{1\,1, 1\,2, 1\,3, 1\,4, 2\,1, 2\,2, 2\,3, 2\,4, 3\,1, 3\,2, 3\,3, 3\,4, 4\,1, 4\,2, 4\,3, 4\,4\}$

(Seite 14) Aus dieser Menge suchen wir für die Teilmenge A nur die ungeraden Zahlen heraus:
A = {1 1, 1 3, 2 1, 2 3, 3 1, 3 3, 4 1, 4 3}

Die Quersumme der Zahlen aus Ω soll im Ereignis B durch 4 teilbar sein, sie kann also nur 4 oder 8 betragen:
B = {1 3, 2 2, 3 1, 4 4}

Zahlen aus Ω, die kleiner als 30 sind, ergeben das Ereignis C:
C = {1 1, 1 2, 1 3, 1 4, 2 1, 2 2, 2 3, 2 4}

In gleicher Weise finden wir die Zahlen, die größer als 20 sind:
D = {2 1, 2 2, 2 3, 2 4, 3 1, 3 2, 3 3, 3 4, 4 1, 4 2, 4 3, 4 4}

Seite 16

6

a) Da die Würfel gleich, also nicht unterscheidbar sind, brauchen wir keinen Unterschied zu machen zwischen dem Ergebnis 1 2 und 2 1 oder zwischen 3 5 und 5 3 usw.

Der Ergebnisraum ergibt sich damit zu:
Ω = {1 1, 1 2, …, 1 6, 2 2, …, 2 6, 3 3, …, 3 6, 4 4, …, 6 6}

b) Bei den Ergebnissen 1 4, 2 2, 2 4, 2 6, 3 4, 4 4, 4 5, 4 6 und 6 6 ist das Produkt der Augenzahlen durch 4 teilbar.
Daraus ergibt sich: E_1 = {1 4, 2 2, 2 4, 2 6, 3 4, 4 4, 4 5, 4 6, 6 6}

Bei den Ergebnissen 1 1, 1 2, 1 4, 1 6, 2 3, 2 5, 3 4 und 5 6 ist die Summe der Augenzahlen prim. Damit erhalten wir: E_2 = {1 1, 1 2, 1 4, 1 6, 2 3, 2 5, 3 4, 5 6}

Zwei Ereignisse sind unvereinbar, wenn ihre Schnittmenge leer ist. Wir prüfen nach:
$E_1 \cap E_2$ = {1 4, 3 4} ist nicht leer, die Ereignisse E_1 und E_2 sind *nicht* unvereinbar.

Seite 19

7

Beweise für $\overline{A \cap B} = \overline{A} \cup \overline{B}$:

a)

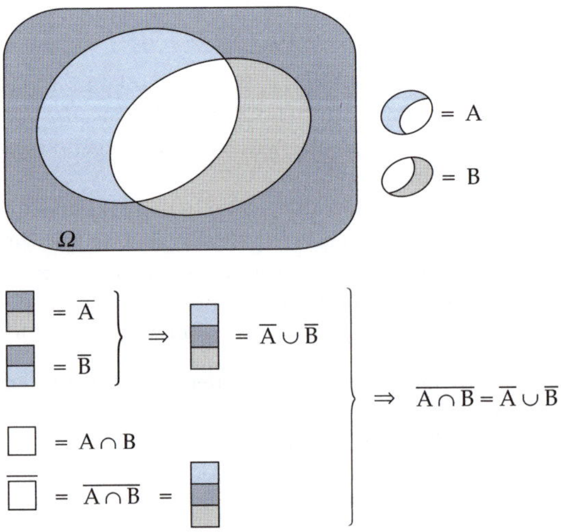

b)

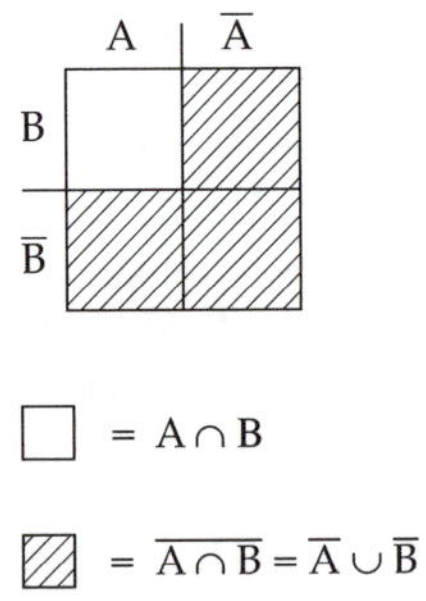

Beweise für $\overline{A \cup B} = \overline{A} \cap \overline{B}$: nächste Seite

(Seite 19)

a)

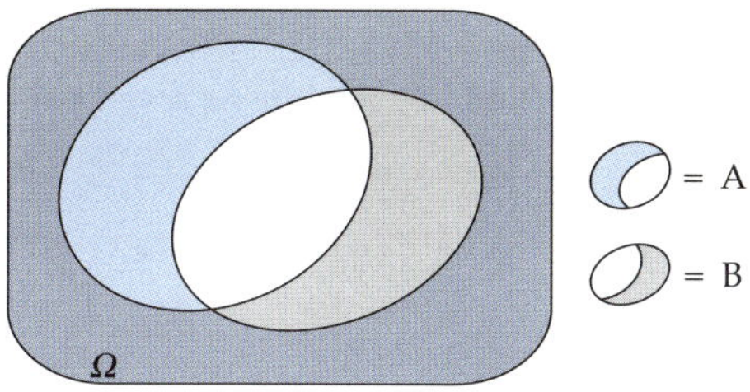

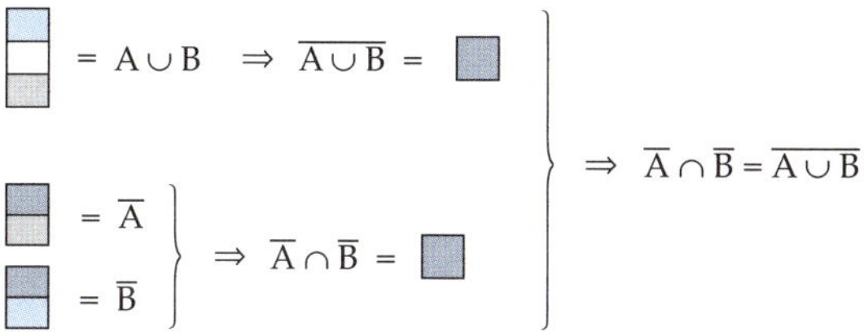

b)

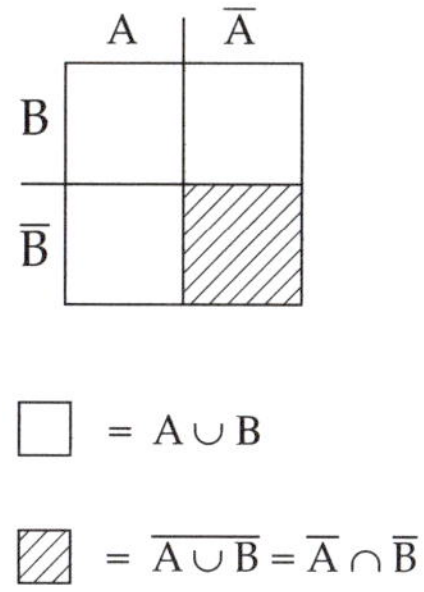

Seite 21

8

a) Ω = {ABC, ACB, BAC, BCA, CAB, CBA}

b) E = {BAC, BCA} Bettina wird Erste.
F = {BCA, CBA} Antje wird Letzte.
G = {CAB, CBA, ACB, BCA} Christian wird nicht Letzter.
$\overline{E}$ = {ABC, ACB, CAB, CBA} Bettina wird Zweite oder Letzte.
$\overline{F}$ = {ABC, ACB, BAC, CAB} Antje wird Erste oder Zweite.
$\overline{G}$ = {ABC, BAC} Christian wird Letzter.

Jedes der 8 Felder stellt eine Schnittmenge aus je drei Ereignissen aus E, F, G, $\overline{E}$, $\overline{F}$ und $\overline{G}$ dar. So entspricht etwa $\overline{E} \cap F \cap G$ dem schraffierten Feld in der Tafel.
Sucht man nun nach den Ergebnissen, die in dieses Feld gehören, muss man die Elemente aus Ω finden, die sowohl in $\overline{E}$ als auch in F als auch in G enthalten sind; das ist nur das Ergebnis CBA.
Mit den anderen 7 Feldern verfährt man entsprechend.

	E	E	$\overline{E}$	$\overline{E}$
F		BCA	CBA	
$\overline{F}$	BAC		CAB ACB	ABC
	$\overline{G}$	G	G	$\overline{G}$

c) R = E ∩ F = {BAC, BCA} ∩ {BCA, CBA} = {BCA}

S = E ∪ G = {BAC, BCA} ∪ {CAB, CBA, ACB, BCA} =
= {ACB, BAC, BCA, CAB, CBA}

T = $\overline{F} \cap \overline{G}$ = {ABC, ACB, BAC, CAB} ∩ {ABC, BAC} = {ABC, BAC}

U = $\overline{E} \cup \overline{F}$ = {ABC, ACB, CAB, CBA} ∪ {ABC, ACB, BAC, CAB} =
= {ACB, ABC, BAC, CBA, CAB}

V = ($\overline{F}$ ∩ G) ∪ (F ∩ $\overline{G}$) = ({ABC, ACB, BAC, CAB} ∩ {CAB, CBA, ACB, BCA}) ∪
∪ ({BCA, CBA} ∩ {ABC, BAC}) =
= {ACB, CAB} ∪ { } = {ACB, CAB}

Seite 27

Kapitel 2 – Relative Häufigkeit und Wahrscheinlichkeit

9

a) Die Gesamtzahl n aller Versuche beträgt $n = 246 + 254 + 232 + 268 = 1000$. Die Elementarereignisse lauten {ZZ}, {ZW}, {WZ} und {WW}. Ihre relativen Häufigkeiten sind daher:

$$h_{1000}(\{ZZ\}) = \frac{246}{1000} = 0{,}246$$

$$h_{1000}(\{ZW\}) = \frac{254}{1000} = 0{,}254$$

$$h_{1000}(\{WZ\}) = \frac{232}{1000} = 0{,}232$$

$$h_{1000}(\{WW\}) = \frac{268}{1000} = 0{,}268$$

b) $A = \{ZW, WZ\}$ $\quad h_{1000}(A) = 0{,}254 + 0{,}232 = 0{,}486$
$B = \{ZZ, WW\}$ $\quad h_{1000}(B) = 0{,}246 + 0{,}268 = 0{,}514$
$C = \{ZW, WZ, WW\}$ $\quad h_{1000}(C) = 0{,}254 + 0{,}232 + 0{,}268 = 0{,}754$
$D = \{ZZ, ZW, WZ\}$ $\quad h_{1000}(D) = 0{,}246 + 0{,}254 + 0{,}232 = 0{,}732$

Seite 28

10

a) An 8 von 200 Tagen waren beide unpünktlich. Das ergibt die relative Häufigkeit

$h_{200}(A) = \frac{8}{200} = 0{,}04$.

Susanne war an 20 Tagen unpünktlich. Das Ereignis B hat damit die relative Häufigkeit $h_{200}(B) = \frac{20}{200} = 0{,}10$.

16-mal war genau eine von beiden unpünktlich, was dem Ereignis C entspricht. Also ist $h_{200}(C) = \frac{16}{200} = 0{,}08$.

b) Das Ereignis A: „Beide sind unpünktlich" ist gleichbedeutend mit A: „Sowohl Susanne als auch Theresa sind unpünktlich", es gilt also $A = \overline{S} \cap \overline{T}$.
Das Ereignis B: „Susanne ist unpünktlich" ist mit $\overline{S}$ identisch, also $B = \overline{S}$.
Das Ereignis C: „Genau eine von beiden ist pünktlich" kann in der Sprechweise von Seite 19 so formuliert werden: „Entweder Susanne oder Theresa ist pünktlich."
In einer 4-Felder-Tafel sind das die beiden Felder rechts oben und links unten. Damit gilt in Analogie zur Seite 19: $C = (S \cap \overline{T}) \cup (\overline{S} \cap T)$.

c) Der Aufgabentext enthält bereits drei Häufigkeitsangaben, die direkt in die 4-Felder-Tafel übertragen werden können.

$h_{200}(S) = 0{,}90$
$h_{200}(\overline{S}) = 0{,}10$
$h_{200}(\overline{S} \cap \overline{T}) = 0{,}04$

	S	$\overline{S}$	
T	a	b	$a + b$
$\overline{T}$	c	0,04	$c + 0{,}04$
	0,90	0,10	1

(Seite 28)

Die übrigen Innenfelder a, b und c müssen noch berechnet werden:

- Die relative Häufigkeit von $\overline{S} \cap T$ errechnet sich zu: $b = 0{,}10 - 0{,}04 = 0{,}06$
- Da sich C aus $S \cap \overline{T}$ und $\overline{S} \cap T$ zusammensetzt und seine relative Häufigkeit den Wert $b + c = 0{,}08$ hat, ergibt sich die relative Häufigkeit von $S \cap \overline{T}$ zu: $c = 0{,}08 - b = 0{,}08 - 0{,}06 = 0{,}02$
- Und die relative Häufigkeit von $S \cap T$: $a = 0{,}90 - c = 0{,}90 - 0{,}02 = 0{,}88$

So sieht nun die vollständig ausgefüllte 4-Felder-Tafel aus:

	S	$\overline{S}$	
T	0,88	0,06	0,94
$\overline{T}$	0,02	0,04	0,06
	0,90	0,10	1

d) Nach den Sprechweisen auf Seite 19 sind im Ereignis D Susanne oder Theresa oder beide pünktlich. Damit ist $D = S \cup T$.
Aus der 4-Felder-Tafel entnehmen wir die relative Häufigkeit von D als die Summe $a + b + c = 0{,}88 + 0{,}06 + 0{,}02 = 0{,}96$ oder als die Differenz $1 - 0{,}04 = 0{,}96$.
$\Rightarrow \quad h_{200}(D) = 0{,}96$

Das Ereignis E ist das Gegenereignis zu „beide sind pünktlich". Also ist $E = \overline{S \cap T}$.
Da E das Gegenereignis von $S \cap T$ ist (mit $P(S \cap T) = a = 0{,}88$), beträgt seine relative Häufigkeit: $h_{200}(E) = 1 - 0{,}88 = 0{,}12$

Seite 33

11

In der 4-Felder-Tafel lassen sich die noch fehlenden Wahrscheinlichkeiten leicht bestimmen:

	A	$\overline{A}$	
B	$\frac{1}{6}$	a	$\frac{2}{3}$
$\overline{B}$	b	c	$\frac{1}{3}$
	$\frac{1}{5}$	$\frac{4}{5}$	1

$$a = \frac{2}{3} - \frac{1}{6} = \frac{1}{2}$$

$$b = \frac{1}{5} - \frac{1}{6} = \frac{1}{30}$$

$$c = \frac{1}{3} - b = \frac{1}{3} - \frac{1}{30} = \frac{3}{10}$$

Mit den Werten der ausgefüllten Tafel berechnen wir nun die gesuchten Wahrscheinlichkeiten:

a) $P(A \cup B) = a + \frac{1}{6} + b = \frac{1}{2} + \frac{1}{6} + \frac{1}{30} = \frac{7}{10}$ oder, da die Summe der Wahrscheinlichkeiten aller 4 Felder den Wert 1 ergibt:
$P(A \cup B) = 1 - c = 1 - \frac{3}{10} = \frac{7}{10}$

b) $P(A \cap \overline{B}) = b = \frac{1}{30}$

c) $P(\overline{A} \cup B) = \frac{1}{6} + a + c = \frac{1}{6} + \frac{1}{2} + \frac{3}{10} = \frac{29}{30}$ oder, da die Summe der Wahrscheinlichkeiten aller vier Felder den Wert 1 ergibt:

(Seite 33)

$$P(\overline{A} \cup B) = 1 - b = 1 - \frac{1}{30} = \frac{29}{30}$$

d) $P(\overline{A} \cup \overline{B}) = a + b + c = \frac{1}{2} + \frac{1}{30} + \frac{1}{10} = \frac{5}{6}$ der schneller:

$P(\overline{A} \cup \overline{B}) = 1 - \frac{1}{6} = \frac{5}{6}$, da die Summe der Wahrscheinlichkeiten aller 4 Felder wieder den Wert 1 ergibt.

12 $\Omega = \{1\,1, 1\,2, 1\,3, 1\,4, 2\,1, 2\,2, 2\,3, 2\,4, 3\,1, 3\,2, 3\,3, 3\,4, 4\,1, 4\,2, 4\,3, 4\,4\}$; $|\Omega| = 16$

$A = \{1\,1, 1\,3, 2\,1, 2\,3, 3\,1, 3\,3, 4\,1, 4\,3\}$; $|A| = 8$

$$P(A) = \frac{|A|}{|\Omega|} = \frac{8}{16} = 0{,}5$$

$B = \{1\,3, 2\,2, 3\,1\}$; $|B| = 3$

$$P(B) = \frac{|B|}{|\Omega|} = \frac{3}{16} = 0{,}1875$$

$C = \{1\,1, 1\,2, 1\,3, 1\,4, 2\,1, 2\,2, 2\,3, 2\,4\}$; $|C| = 8$

$$P(C) = \frac{|C|}{|\Omega|} = \frac{8}{16} = 0{,}5$$

$D = \{2\,1, 2\,2, 2\,3, 2\,4, 3\,1, 3\,2, 3\,3, 3\,4, 4\,1, 4\,2, 4\,3, 4\,4\}$; $|D| = 12$

$$P(D) = \frac{|D|}{|\Omega|} = \frac{12}{16} = 0{,}75$$

13 a) Herr Müller fährt pünktlich nach Hause, er hatte also am Morgen keinen Stau, weder am Goetheplatz noch in der Königsstraße.
Es gilt daher: $A = \overline{G} \cap \overline{K}$.

Bei einer Verspätung von 10 Minuten kam Herr Müller in genau einen Stau, entweder am Goetheplatz oder in der Königsstraße.
Das Ereignis B erhält somit die Form $B = (G \cap \overline{K}) \cup (\overline{G} \cap K)$.

Beträgt die Verspätung 20 Minuten, geriet Herr Müller in beide Staus.
Für das Ereignis C gilt daher: $C = G \cap K$

b) Bekannt sind zunächst nur die Wahrscheinlichkeiten der ersten Zeile und der ersten Spalte:
$P(K) = 14\,\% = 0{,}14$ und $P(G) = 8\,\% = 0{,}08$.
Daraus berechnet man die Wahrscheinlichkeiten der zweiten Zeile und zweiten Spalte:
$P(\overline{K}) = 0{,}86$ und $P(\overline{G}) = 0{,}92$.

	G	$\overline{G}$	
K	x	a	0,14
$\overline{K}$	b	c	0,86
	0,08	0,92	1

Von den inneren 4 Feldern ist nichts bekannt.
Die zu untersuchende Wahrscheinlichkeit $P(C)$ entspricht dem Feld links oben in der 4-Felder-Tafel, da $C = G \cap K$ ist. Wir bezeichnen sie daher mit dem unbekannten Wert x.

Die erste Zeile hat den Summenwert 0,14. Der Summand x kann daher nicht größer werden als 0,14: $x \leqq 0{,}14$
Gleiches gilt für die erste Spalte: $x \leqq 0{,}08$

Nach unten gibt es für die Unbekannte x keine Begrenzung. Wir erhalten: $x \geqq 0$ (Seite 33)

Alle drei Ungleichungen sind nur dann erfüllt, wenn x zwischen 0 und 0,08 liegt. Der gesuchte Bereich für x lautet deshalb: $0 \leqq x \leqq 0{,}08$
Es gilt also: $0 \leqq P(\mathrm{C}) \leqq 0{,}08$

c) Da in der ersten Spalte $x + b = 0{,}08$ steht, kann die Zahl b wegen der Ungleichung $0 \leqq x \leqq 0{,}08$ ebenso wie x nur Werte zwischen 0 und 0,08 annehmen: $0 \leqq b \leqq 0{,}08$
Ähnliches geschieht in der ersten Zeile: Aus $x + a = 0{,}14$ und der Ungleichung $0 \leqq x \leqq 0{,}08$ schließen wir, dass a nur Werte zwischen 0 und 0,06 annehmen kann: $0 \leqq a \leqq 0{,}06$

Durch die Beschränkung von a bzw. b ist auch der verbliebene Wert c im Feld rechts unten eingegrenzt: Aus der Summe $b + c = 0{,}86$ folgt schließlich, dass die Zahl c sich nur zwischen 0,78 und 0,86 bewegen kann: $0{,}78 \leqq c \leqq 0{,}86$

Wegen $P(\mathrm{A}) = P(\overline{\mathrm{G}} \cap \overline{\mathrm{K}}) = c$ erhalten wir: $0{,}78 \leqq P(\mathrm{A}) \leqq 0{,}86$

Ähnlich verfahren wir mit der Wahrscheinlichkeit $P(\mathrm{B})$:
$P(\mathrm{B}) = P((\overline{\mathrm{G}} \cap \mathrm{K}) \cup (\mathrm{G} \cap \overline{\mathrm{K}})) = a + b$

$x + a = 0{,}14$ bzw. $x + b = 0{,}08 \quad \Rightarrow \quad 2x + a + b = 0{,}22 \quad \Rightarrow \quad a + b = 0{,}22 - 2x$
Wegen $0 \leqq x \leqq 0{,}08$ bewegt sich $a + b$ zwischen den Werten 0,06 und 0,22.

Somit erhalten wir: $0{,}06 \leqq P(\mathrm{B}) \leqq 0{,}22$

Seite 37

14

Wir berechnen nur den Pfad, der beim Urneninhalt (5b, 3g, 6s) beginnt und bei (3b, 2g, 5s) endet.

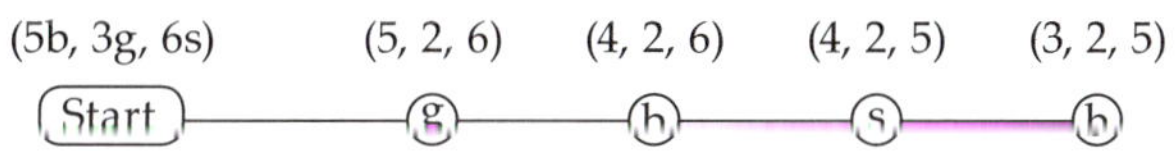

Aus diesem Pfad entnehmen wir die Wahrscheinlichkeiten der einzelnen Züge:

1. Zug: $P(\{\mathrm{g}\}) = \frac{3}{14}$ 3. Zug: $P(\{\mathrm{s}\}) = \frac{6}{12}$

2. Zug: $P(\{\mathrm{b}\}) = \frac{5}{13}$ 4. Zug: $P(\{\mathrm{b}\}) = \frac{4}{11}$

Nach der 1. Pfadregel erhalten wir die Wahrscheinlichkeit der ganzen Zugfolge gbsb als Produkt der einzelnen Wahrscheinlichkeiten:

$$P(\{\mathrm{gbsb}\}) = \frac{3}{14} \cdot \frac{5}{13} \cdot \frac{6}{12} \cdot \frac{4}{11} = \frac{30}{2002} \approx 0{,}015$$

Seite 38

15

a) Beim zweimaligen Würfeln kommt es auf die Reihenfolge der beiden Augenzahlen an. Der Ergebnisraum lautet daher
$\Omega = \{1\,1, \ldots, 1\,6, 2\,1, \ldots, 2\,6, 3\,1, \ldots, 6\,6\}$ mit $|\Omega| = 36$.

b) Alle Ergebnisse sind gleichwahrscheinlich, das Elementarereignis {6 6} hat folglich die Wahrscheinlichkeit $\frac{1}{36}$: $P(\{6\,6\}) = \frac{1}{36}$

(Seite 38) c) Wir betrachten das Ereignis E: „Mindestens eine Doppelsechs bei n Versuchen." Das Gegenereignis von E ist das Ereignis $\overline{E}$: „Keine Doppelsechs bei n Versuchen."
Von E fordern wir: $P(E) \geqq 0{,}93$.
Die rechnerische Ausführung dieser Ungleichung ergibt dann:

$$1 - P(\overline{E}) \geqq 0{,}93$$
$$P(\overline{E}) \leqq 0{,}07$$
$$\left(\frac{35}{36}\right)^n \leqq 0{,}07$$

Logarithmiert man beide Seiten mit lg, erhält man:

$$n \cdot \lg\left(\frac{35}{36}\right) \leqq \lg 0{,}07$$

$$n \geqq \frac{\lg 0{,}07}{\lg\left(\frac{35}{36}\right)}$$ (Wechsel des Ungleichheitszeichens, da $\lg \frac{35}{36}$ negativ ist.)

$n \geqq 94{,}3\ldots$ Markus muss also mindestens 95 Versuche machen.

16 a) Bei diesem 5-stufigen Zufallsexperiment beträgt die Wahrscheinlichkeit, „alle neune" zu treffen, in den ersten drei Versuchen 25% = 0,25. Bei den restlichen beiden Versuchen beträgt sie nur noch $25\% \cdot \frac{2}{3} = 0{,}17$ bzw. $25\% \cdot \left(\frac{2}{3}\right)^2 = 0{,}11$.

Die Trefferwahrscheinlichkeiten $P(E_{\text{Wurf}})$ aller 5 Versuche sind in der folgenden Tabelle zusammengestellt:

Versuch	$P(E_{\text{Wurf}})$	
1	0,25	
2	0,25	
3	0,25	
4	0,17	(erstes Bier nach dem 3. Wurf)
5	0,11	(zweites Bier nach dem 4. Wurf)

Nun berechnen wir die Wahrscheinlichkeit des Ereignisses E: „Kevin trifft fünfmal alle neune."
Nach der 1. Pfadregel müssen dazu die Wahrscheinlichkeiten der 5 Versuche miteinander multipliziert werden. Wir erhalten: $P(E) = 0{,}25^3 \cdot 0{,}17 \cdot 0{,}11$

Die Antwort heißt damit: $P(E) = 0{,}00029 = 0{,}029\%$

b) Wenn Kevin nur nach dem 2. Wurf ein Bier trinkt, sieht die Tabelle der Trefferwahrscheinlichkeit so aus:

Versuch	$P(E_{\text{Wurf}})$	$P(\overline{E}_{\text{Wurf}})$	
1	0,25	0,75	
2	0,25	0,75	
3	0,17	0,83	(ein Bier nach dem 2. Wurf)
4	0,17	0,83	

Das Gegenereignis von E: „Kevin trifft bei 4 Versuchen mindestens einmal alle neune" ist das Ereignis $\overline{E}$: „Er trifft kein einziges Mal alle neune."

(Seite 38)

Wir benutzen wieder den Zusammenhang $P(E) = 1 - P(\overline{E})$ und erhalten:
$P(E) = 1 - 0{,}75^2 \cdot 0{,}83^2 = 1 - 0{,}39$

Antwort: $P(E) = 0{,}61 = 61\,\%$

c) Auch bei dieser Mindestensaufgabe benutzen wir das Gegenereignis von E: „Mindestens einmal alle neune bei n Versuchen."
Es lautet $\overline{E}$: „Kein einziges Mal alle neune bei n Versuchen."
Es wird wieder verlangt: $P(E) \geqq 0{,}95$

$$1 - P(\overline{E}) \geqq 0{,}95$$
$$P(\overline{E}) \leqq 0{,}05$$
$$0{,}75^n \leqq 0{,}05$$
$$n \cdot \lg 0{,}75 \leqq \lg 0{,}05$$
$$n \geqq \frac{\lg 0{,}05}{\lg 0{,}75} \quad \text{(Wechsel des Ungleichheitszeichens!)}$$
$$n \geqq 10{,}4\ldots$$

Kevin muss also mindestens 11-mal kegeln.

Seite 39

17

M: Männer
F = $\overline{M}$: Frauen
R: Raucher
$\overline{R}$: Nichtraucher

	M	F	
R	a	b	$a + b$
$\overline{R}$	c	d	$c + d$
	60 %	40 %	100 %

75 % der Männer rauchen
$\Rightarrow \quad a = 60\,\% \cdot 0{,}75 = 45\,\%$

35 % der Frauen rauchen:
$\Rightarrow \quad b = 40\,\% \cdot 0{,}35 = 14\,\%$

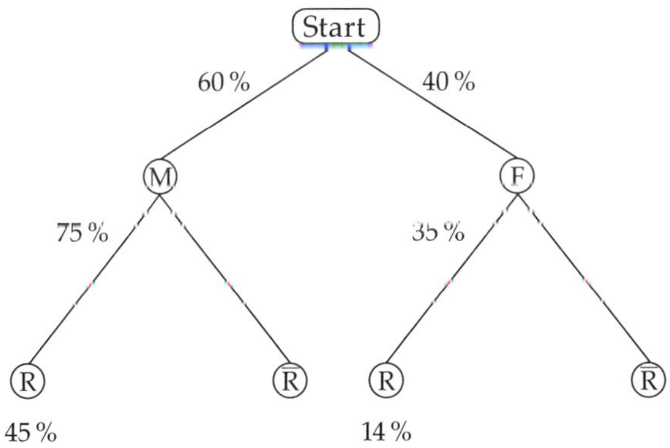

a) Die Wahrscheinlichkeit für einen männlichen Raucher beträgt 45%.

b) Die Wahrscheinlichkeit für die Raucher selbst ist die Summe der Zeile R in der 4-Felder-Tafel, also $a + b = 45\% + 14\% = 59\%$.

Ein Tipp zur Selbstkontrolle:

Füllen Sie die Felder und auch die Ränder einer 4-Felder-Tafel immer vollständig aus, selbst wenn Sie nur bestimmte Felder zur Lösung benötigen!

	M	F	
R	45 %	14 %	59 %
$\overline{R}$	15 %	26 %	41 %
	60 %	40 %	100 %

Seite 40

18 a) $\Omega = \{bb, bg, br, gb, gg, gr, rb, rg\}$ (rr existiert nicht.)

b) Wegen der unterschiedlichen Anzahl der blauen, gelben und roten Kugeln sind die Ergebnisse nicht gleichwahrscheinlich, was im folgenden Baumdiagramm deutlich wird:

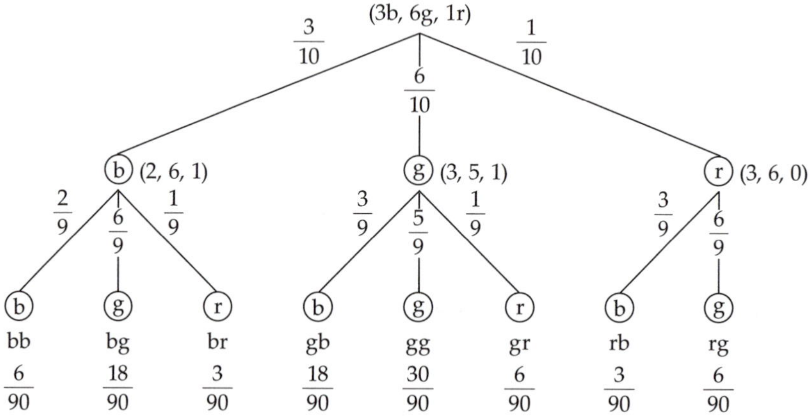

Prüfen Sie nach: Die Summe aller Wahrscheinlichkeiten ergibt den Wert 1!

Aus dem Baumdiagramm ergibt sich also mit der 1. Pfadregel folgende Wahrscheinlichkeitsverteilung des Experiments:

Ergebnis	bb	bg	br	gb	gg	gr	rb	rg
Wahrscheinlichkeit	$\frac{1}{15}$	$\frac{1}{5}$	$\frac{1}{30}$	$\frac{1}{5}$	$\frac{1}{3}$	$\frac{1}{15}$	$\frac{1}{30}$	$\frac{1}{15}$

c) Wir wenden beide Pfadregeln an:

$A = \{rb\}$

$$P(A) = P(\{rb\}) = \frac{1}{30} = 0{,}033$$

$B = \{bb, br, rb\}$

$$P(B) = P(\{bb\}) + P(\{br\}) + P(\{rb\}) = \frac{1}{15} + \frac{1}{30} + \frac{1}{30} = \frac{2}{15} = 0{,}13$$

$C = \{bb, gg\}$ (rr existiert nicht.)

$$P(C) = P(\{bb\}) + P(\{gg\}) = \frac{1}{15} + \frac{1}{3} = \frac{2}{5} = 0{,}40$$

$D = \{bg, gb\}$

$$P(D) = P(\{bg\}) + P(\{gb\}) = \frac{1}{5} + \frac{1}{5} = \frac{2}{5} = 0{,}40$$

$E = \{br, gr\}$

$$P(E) = P(\{br\}) + P(\{gr\}) = \frac{1}{30} + \frac{1}{15} = \frac{1}{10} = 0{,}10$$

Kapitel 3 – LAPLACE-Experimente

Seite 45

19

a)

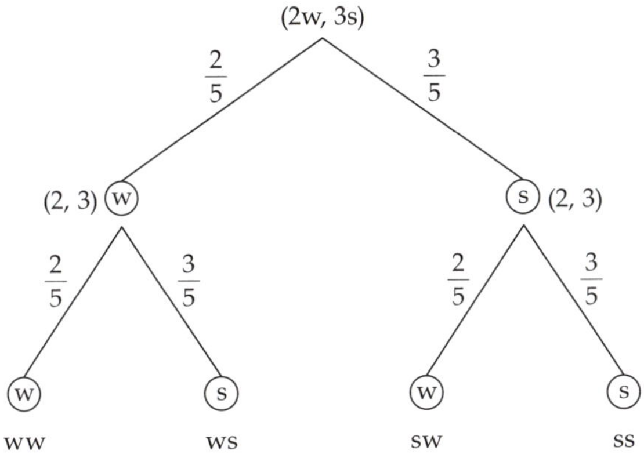

Ereignis E: „Die Kugeln sind gleichfarbig." $E = \{ww, ss\}$

$$P(E) = \left(\frac{2}{5}\right)^2 + \left(\frac{3}{5}\right)^2 = \frac{13}{25} = 0{,}52$$

b) Die LAPLACE-Annahme ist nur dann gültig, wenn der Ergebnisraum aus lauter gleichwahrscheinlichen Ergebnissen besteht.
Die 5 Kugeln müssen deshalb durch Nummerierung voneinander unterschieden werden, nur dann liegen in der Urne 5 unterschiedliche Kugeln.

$\Omega = \{$w1 w1, w1 w2, w2 w1, w2 w2, s1 w1, s1 w2, …, s3 s3$\}$

Für den ersten Zug gibt es 5 Möglichkeiten, für den zweiten Zug ebenfalls, da die erste Kugel wieder in die Urne zurückgelegt wird.
Damit hat der Ergebnisraum die Mächtigkeit $|\Omega| = 5 \cdot 5 = 25$.

Ereignis E: „Die Kugeln sind gleichfarbig."
$E = \{$w1 w1, w1 w2, w2 w1, w2 w2, s1 s1, s1 s2, s1 s3, s2 s1, s2 s2, s2 s3, s3 s1, s3 s2, s3 s3$\}$
Wir zählen 13 „gleichfarbige" Ergebnisse: $|E| = 13$

Mit der Formel $P(E) = \frac{|E|}{|\Omega|}$ erhalten wir $P(E) = \frac{13}{25} = 0{,}52$.

Seite 52

20

a) ABRAKADABRA besteht aus 11 Buchstaben ($n = 11$), der Buchstabe A kommt 5-mal vor ($n_1 = 5$), die Buchstaben B und R je 2-mal ($n_2 = n_3 = 2$) und die Buchstaben K und D je 1-mal ($n_4 = n_5 = 1$).
Die Anagramme des Wortes ABRAKADABRA sind also Permutationen mit Wiederholungen aus einer Menge mit 5 Buchstaben. Ihre Anzahl ergibt sich aus der Formel:

$$P_{(mW)} = \frac{11!}{5! \cdot 2! \cdot 2! \cdot 1! \cdot 1!} = 83160$$

b) PFEFFERFRESSER besteht aus 14 Buchstaben, der Buchstabe P kommt 1-mal, die Buchstaben F und E je 4-mal, der Buchstabe R 3-mal und der Buchstabe S 2-mal vor.
Die Anagramme sind also Permutationen mit Wiederholungen aus einer Menge mit 5 Buchstaben. Ihre Anzahl ergibt sich ebenfalls aus der Formel:

$$P_{(mW)} = \frac{14!}{1! \cdot 4! \cdot 4! \cdot 3! \cdot 2!} = 12\,612\,600$$

Seite 55

21

a) Binomialkoeffizienten werden natürlich am schnellsten mit dem Taschenrechner bestimmt.
Sollte Ihr Rechner die Rechenoperation $\binom{n}{k}$ nicht aufweisen, müssen Sie den Bruch $\frac{n!}{k!\,(n-k)!}$ eingeben. Bei nicht zu großen Zahlen n lässt sich dieser Bruch manchmal schneller „per Hand" ausrechnen. Versuchen Sie die für Sie sicherste Methode herauszufinden!

$$\binom{6}{4} = 15\ ; \quad \binom{8}{3} = 56\ ; \quad \binom{5}{2} = 10\ ; \quad \binom{20}{13} = 77520$$

b) Zu zeigen ist, dass die linke Seite der Gleichung gleich der rechten ist!

Linke Seite nach der Definition: $\binom{n}{k} = \frac{n!}{k!\,(n-k)!}$

Rechte Seite nach der Definition: $\binom{n}{n-k} = \frac{n!}{(n-k)! \cdot (n-n+k)!} = \frac{n!}{(n-k)! \cdot k!}$

Man sieht: Beide Seiten sind gleich.

c) $(r+s)^6 = \binom{6}{0} r^6 s^0 + \binom{6}{1} r^5 s^1 + \ldots + \binom{6}{5} r^1 s^5 + \binom{6}{6} r^0 s^6 =$

$= r^6 + 6r^5 s + 15r^4 s^2 + 20r^3 s^3 + 15r^2 s^4 + 6rs^5 + s^6$

Seite 61

22

BAUERNHOF besteht aus den Vokalen A, E, O, U und den Konsonanten B, F, H, N, R.

a) Die 3 Buchstaben sollen Konsonanten sein, also müssen sie aus den 5 Konsonanten des Wortes ausgewählt werden, die Vokale spielen dabei keine Rolle.
Eine bestimmte Reihenfolge ist nicht vorgesehen und eine Wiederholung ist in der Aufgabenstellung ausgeschlossen.
Das ist genau das Lotto-Prinzip „3 aus 5", also eine 3-Kombination aus den 5 Konsonanten ohne Wiederholung.

$K_{(oW)} = \binom{5}{3} = 10$

b) Aus den 4 Vokalen sollen ebenfalls 3 ausgewählt werden! Mit der gleichen Überlegung erhalten wir:

$K_{(oW)} = \binom{4}{3} = 4$

c) Aus den 5 Konsonanten sollen 2 und aus den 4 Vokalen soll 1 Buchstabe ausgewählt werden!

Bei den Konsonanten erhalten wir $\binom{5}{2} = 10$ und bei den Vokalen $\binom{4}{1} = 4$ Kombinationen.
Für die Auswahl aller 3 Buchstaben ergibt sich dann die Anzahl der Kombinationen zu: $K_{(oW)} = \binom{5}{2} \cdot \binom{4}{1} = 10 \cdot 4 = 40$

23 *(Seite 61)*

a) Die 5 Personen können sich nebeneinander in beliebiger Reihenfolge aufstellen, jede Aufstellung ist daher eine Permutation (selbstverständlich ohne Wiederholung).
Ihre Anzahl beträgt $P_{(\text{oW})} = 5! = 120$.

b) Der Vater in der Mitte ist eine feste Größe. Verschiedene Aufstellmöglichkeiten haben nur die übrigen 4 Familienmitglieder. Sie bilden untereinander $4! = 24$ Permutationen.
Deshalb gibt es auch mit dem Vater in der Mitte (er hätte auch am Rand stehen können) ebenso viele Möglichkeiten: $P_{(\text{oW})} = 4! = 24$

c) Das Ehepaar als Einheit (sie bleiben ja zusammen) bildet mit den 3 Kindern beim Platztausch eine Permutation aus 4 Elementen, das ergibt zunächst $4! = 24$ Permutation. Zu jeder dieser 24 Permutationen gibt es aber zwei Varianten: Vater und Mutter tauschen ihre Plätze. Insgesamt erhalten wir $2 \cdot 4! = 48$ Aufstellungsmöglichkeiten.

24

a) Die Einerstelle der möglichen geraden Zahlen kann nur 2, 4 oder 6 lauten, das ergibt 3 Möglichkeiten.
Die vorderen 3 Stellen sind wegen ihrer Verschiedenheit eine 3-Variation ohne Wiederholung aus der Menge der verbleibenden 5 Ziffern.
Deren Anzahl beträgt $V_{(\text{oW})} = \dfrac{5!}{(5-3)!} = \dfrac{5!}{2!} = 60$.
Das ergibt zusammen $3 \cdot 60 = 180$ vierstellige Zahlen mit der verlangten Eigenschaft.

b) Fällt die Einschränkung der Verschiedenheit weg, sind Wiederholungen von Ziffern innerhalb der Zahl möglich.
Die Einerstelle gestattet wie unter a) 3 Möglichkeiten.
Jede der 3 vorderen Stellen kann nun von den Ziffern 1 bis 6 eingenommen werden, was eine 3-Variation mit Wiederholung aus diesen 6 Ziffern darstellt.
Deren Anzahl beträgt nach der Formel $V_{(\text{mW})} = 6^3 = 216$, da $n = 6$ und $k = 3$ ist.
Mit den 3 Möglichkeiten für die Einerstelle erhalten wir zusammen $3 \cdot 216 = 648$ vierstellige gerade Zahlen.

25

a) Jede Trikolore enthält 3 aus den 5 zur Verfügung stehenden Farben in einer bestimmten Reihenfolge. Jede Farbe kommt nur einmal vor (daher der Name „Trikolore“). Die Trikolore ist damit eine 3-Variation ohne Wiederholung aus der Menge der 5 Farben.
Es sind also $V_{(\text{oW})} = \dfrac{5!}{(5-3)!} = 60$ verschiedene Trikoloren bei der Herstellung denkbar.

b) Auch hier kommt es auf die Anordnung an, welche Provinz eine der 60 Fahnen bekommt. Wir haben es deshalb abermals mit einer Variation zu tun, genauer gesagt mit einer 4-Variation ohne Wiederholung aus der Menge der 60 Fahnen.
Das ergibt $\dfrac{60!}{(60-4)!} = \dfrac{60!}{56!} = 11703240$ Zuteilungsmöglichkeiten.
Diese große Zahl ist umso erstaunlicher, wenn man bedenkt, dass nur 5 Farben zur Verfügung stehen und nur 4 Provinzen bedacht werden.

(Seite 61) **26** Bei dieser Aufgabe geht es lediglich darum, eine bestimmte Anzahl von Personen aus einer größeren Menge von Personen auszuwählen ohne eine Anordnung zu beachten, das heißt, eine *k*-Kombination ohne Wiederholung (Personen können nicht wiederholt ausgewählt werden) aus einer Menge von *n* Personen zu bilden.
Die Zusammenstellung erfolgt aber aus zwei *getrennten* Mengen.

Die erste Kombination wird bei der SPD gebildet: $n = 10, k = 7$.
Ähnlich dem Lotto-Prinzip wählen wir „7 aus 10" und erhalten die Anzahl aller möglichen SPD-Gruppierungen im Untersuchungsausschuss: $K_{(\text{oW})} = \binom{10}{7} = 120$

Zu jeder dieser 120 Kombinationen lassen sich nun $\binom{9}{5} = 126$ Kombinationen – ohne Wiederholung – bei der CDU bilden (dort gilt nämlich $n = 9$ und $k = 5$).
Für die Zusammenstellung des Untersuchungsausschusses gibt es daher insgesamt
$\binom{10}{7} \cdot \binom{9}{5} = \frac{10!}{7!\,3!} \cdot \frac{9!}{5!\,4!} = 120 \cdot 126 = 15120$ Kombinationsmöglichkeiten.

Seite 64

27 Wir müssen das Werfen von mehreren Würfeln (hier sind es fünf) zu einem LAPLACE-Experiment machen, nur so können wir die Wahrscheinlichkeit eines bestimmten Ereignisses E mit der uns bekannten Formel $P(E) = \frac{|E|}{|\Omega|}$ berechnen.
Das wiederum setzt voraus, dass alle Ergebnisse des Experiments gleichwahrscheinlich sind.
Beim Werfen von mehreren Würfeln ist die Gleichwahrscheinlichkeit der Ergebnisse aber nur dann gegeben, wenn die *Würfel unterscheidbar* gemacht werden. Bei 5 Würfeln erhalten wir dann Ergebnisse wie 3 4 6 3 1 oder 6 1 1 1 2. Diese 5-Variationen mit Wiederholung aus der Menge {1, 2, 3, 4, 5, 6} sind alle gleichwahrscheinlich, da die 5 Würfel vollkommen unabhängig voneinander fallen.

Die Mächtigkeit von Ω beträgt also: $|\Omega| = V_{(\text{mW})} = 6^5 = 7776$

Zur Berechnung von $|E|$ suchen wir aus diesen 7776 Variationen diejenigen heraus, die *genau zweimal* die Ziffer 6 enthalten. Bei ihnen steht an genau 2 von den 5 Stellen die Ziffer 6, wie etwa bei der Variation 1 6 5 6 3.

Alle diese Variationen haben die Eigenschaft gemeinsam, dass zwei *Stellen* reserviert worden sind: Es wird eine *Auswahl* von zwei Stellen (bzw. Würfeln) aus fünf Stellen (bzw. Würfeln) getroffen. (Um die drei restlichen Stellen kümmern wir uns später!)

Im Kern entspricht unser Problem der Frage: „Wie viele Möglichkeiten gibt es, in einem Raum mit fünf Stühlen zwei dieser Stühle zu reservieren?" Für diese Reservierung ist es nicht wichtig, wo die Stühle im Raum aufgestellt wurden – das Problem ist also *nicht* von einer *Anordnung* abhängig!
Auch bei der Verteilung von zwei „Sechsen" auf die fünf Würfel verhält es sich so: Die Würfel sind zwar unterscheidbar, liegen aber *ungeordnet* auf dem Tisch; wir schreiben ihre Augenzahlen lediglich aus Gewohnheit hintereinander auf.
Wichtig ist, dass zwei *Stellen* ausgewählt werden. *Womit* die Stellen besetzt werden, spielt für unsere Auswahl keine Rolle: Das kann zweimal die Zahl „Sechs" sein, es können zwei Reservierungskarten sein, wie beim Beispiel mit den Stühlen, oder es kann das Ehepaar Müller sein, dass auf zweien dieser Stühle Platz nimmt.
Es spielt aber durchaus eine Rolle, dass jede getroffene Stellenauswahl nur einmal vorkommen darf!

(Seite 64)

Damit haben wir die den herausgesuchten Variationen gemeinsame Eigenschaft erkannt als *Auswahl ohne Anordnung und ohne Wiederholung.* Anhand dieser kennzeichnenden Merkmale sagen uns Tabelle oder Flussdiagramm, dass eine Kombination ohne Wiederholung vorliegt. Das heißt, es gibt $\binom{5}{2} = 10$ verschiedene Möglichkeiten, eine Auswahl von 2 aus 5 Stellen vorzunehmen.

Damit ist $|E|$ aber noch nicht endgültig bestimmt, denn in *jeder* dieser $\binom{5}{2}$ Variationen gibt es noch drei Stellen, an denen keine „Sechs" steht. Sie werden mit beliebigen Zahlen aus der Vorratsmenge von fünf Zahlen belegt. Das enspricht einer 3-Variation mit Wiederholung aus der Vorratsmenge $\{1, 2, 3, 4, 5\}$ mit $n = 5$ und $k = 3$. (Vergleichen Sie wieder mit dem Flussdiagramm.)

Die Anzahl der 3-Variationen mit Wiederholung beträgt für jeden der $\binom{5}{2}$ Fälle $V_{(\mathrm{mW})} = 5^3 = 125$.

Insgesamt sind das also $\binom{5}{2} \cdot 5^3 = 10 \cdot 125 = 1250$ 5-Variationen mit Wiederholung, bei denen an genau zwei Stellen eine „Sechs" steht: $|E| = 1250$

Die Wahrscheinlichkeit, beim Werfen von 5 Würfeln genau 2-mal die Sechs zu erzielen, beträgt demnach $P(E) = \dfrac{1250}{7776} = 0{,}16$.

Wir müssen zugeben: Die Aufgabe mit den Abzählmethoden zu lösen, ist nicht ganz einfach. Bequemer wird es mit dem 2. Urnenmodell im Abschnitt 3.3.2 gehen!

28

Es ist nach einer Wahrscheinlichkeit gefragt, also müssen wir die Werte von $|\Omega|$ und $|E|$ berechnen:

Der Skat stellt eine Auswahl von 2 Karten aus allen 32 Karten des Skatspiels dar. Es gibt daher $\binom{32}{2} = 496$ Möglichkeiten, den Skat beim Austeilen verdeckt abzulegen.

Der Ergebnisraum Ω besteht also aus allen 2-Kombinationen (ohne Wiederholung!), 2 Karten aus 32 vorhandenen auszuwählen, wir finden uns beim Lotto-Prinzip „2 aus 32" wieder.

Damit erhalten wir: $|\Omega| = K_{(\mathrm{oW})} = \binom{32}{2} = 496$

Für die Berechnung von $|E|$ genügt die Überlegung, dass beide und damit *alle* Karten im Skat Buben sind. Anzahl oder Art der anderen Karten des Skatspiels spielen daher keine Rolle, denn am betrachteten Ereignis sind sie gar nicht beteiligt.

Das Ereignis E betrifft eine Menge aus 2 Buben, die aus einer Gesamtmenge von 4 Buben stammen. Die Anordnung spielt keine Rolle und jeder Bube kann höchstens einmal im Skat liegen, es gibt also keine Wiederholung. Wir können daher auch für $|E|$ das Lotto-Prinzip anwenden, diesmal in der Form „2 aus 4", und erhalten:

$$|E| = K_{(\mathrm{oW})} = \binom{4}{2} = 6$$

Die Wahrscheinlichkeit für E ist folglich: $P(E) = \dfrac{6}{496} = 0{,}012$

Seite 69

29

Der Austeilende erhält, ebenso wie seine Mitspieler, 10 Karten. Mit dem 1. Urnenmodell gesprochen werden für ihn aus einer Urne mit 32 verschiedenen Kugeln (hier Karten) 10 Kugeln gezogen.

(Seite 69) Der Urneninhalt besteht also aus $N = 32$ Karten, daraus werden $n = 10$ Karten in zufälliger Weise gezogen, das heißt, an einen Spieler ausgeteilt.

Es gibt deshalb $\binom{32}{10}$ Möglichkeiten, 10 Karten aus 32 Karten auszuwählen (Lotto-Prinzip). Der Nenner unseres Bruches aus der Formel für das 1. Urnenmodell steht damit fest.

Genau 3 der 10 ausgeteilten Karten sollen aus den 4 Buben stammen, die restlichen 7 Karten müssen daher aus den anderen 28 Spielkarten stammen. Das entscheidende Merkmal der 3 Spielkarten (im echten Urnenmodell ist es die Farbe „schwarz") ist jetzt ein „Bube". Im Spiel befinden sich insgesamt 4 Buben ($S = 4$), davon finden sich genau 3 im Blatt des Austeilers ($s = 3$).
Damit steht auch der Zähler des Bruches aus der Formel für das 1. Urnenmodell fest.

Wir wenden den Satz an und erhalten die Wahrscheinlichkeit für genau 3 Buben in einem Blatt:

$$P(X = 3) = \frac{\binom{4}{3} \cdot \binom{28}{7}}{\binom{32}{10}} = 0{,}073 = 7{,}3\,\%$$

Seite 74

30 Auch diese Aufgabe wird mit dem Satz vom 1. Urnenmodell gelöst, da die gezogenen Karten nicht zurückgelegt werden.
Aus den 52 Karten ($N = 52$) werden 13 gezogen ($n = 13$). Dafür gibt es genau $\binom{52}{13}$ Möglichkeiten.
Im Spiel liegen insgesamt 4 Asse ($S = 4$), X sei die Anzahl der Asse unter den 13 gezogenen Karten.

a) $P(X = 0) = \frac{\binom{4}{0} \cdot \binom{48}{13}}{\binom{52}{13}} = 0{,}304$

b) $P(X = 1) = \frac{\binom{4}{1} \cdot \binom{48}{12}}{\binom{52}{13}} = 0{,}439$

c) $P(X \geqq 1) = P(X = 1) + P(X = 2) + P(X = 3) + P(X = 4) = 1 - P(X = 0) =$
$= 1 - 0{,}304 = 0{,}696$

d) $P(X \leqq 1) = P(X = 0) + P(X = 1) = 0{,}304 + 0{,}439 = 0{,}743$

e) $P(X = 4) = \frac{\binom{4}{4} \cdot \binom{48}{9}}{\binom{52}{13}} = 0{,}00264$

31 Der Prüfer legt dem Prüfling 2 aus 20 Themen vor ($N = 20$, $n = 2$).

Dafür gibt es $\binom{20}{2} = 190$ Auswahlmöglichkeiten. Dieser Wert ist der Nenner in der Formel des 1. Urnenmodells und gilt für beide Teilaufgaben.

a) Herr Pfiffikus hofft, dass eines seiner 2 vorbereiteten Themen ($S = 2$) vorgelegt wird. Dieses Thema gehört dann zu den 2 vorbereiteten, das andere zu den 18 nicht vorbereiteten. Das ergibt nach dem 1. Urnenmodell die Wahrscheinlichkeit:

$$P(X = 1) = \frac{\binom{2}{1} \cdot \binom{18}{1}}{190} = \frac{2 \cdot 18}{190} = 0{,}189 = 18{,}9\,\%$$

b) Bei Frau Schlaumeier verfahren wir ebenso, nur mit dem Unterschied, dass sie *mindestens* eines ihrer $S = 14$ vorbereiteten Themen wiederfindet: *(Seite 74)*

$$P(X \geqq 1) = P(X=1) + P(X=2) = \frac{\binom{14}{1} \cdot \binom{6}{1} + \binom{14}{2} \cdot \binom{6}{0}}{190} = \frac{14 \cdot 6 + 7 \cdot 13 \cdot 1}{190} = 0{,}921$$

32

Jeden Tag wird neu ausgelost. Die Wahrscheinlichkeit, mit der es ein Mädchen oder einen Jungen trifft, ist jedes Mal die gleiche. Wir haben die Aufgabe deshalb mit dem 2. Urnenmodell (Ziehen mit Zurücklegen) zu lösen.

$p = \frac{18}{30}$ ist die Wahrscheinlichkeit, dass ein Mädchen ausgelost wird, und $q = \frac{12}{30}$ ist die Wahrscheinlichkeit, dass ein Junge ausgelost wird.

Wir interessieren uns für die Zahl der Auslosungen mit einem bestimmten Ergebnis. An jedem der 20 Tage wird gelost, also gilt für die Zahl aller Auslosungen $n = 20$. Verwechseln Sie n nicht mit der Anzahl der Teilnehmer (30), die steht als N schon in p und q!

$X = s$ sei die Zahl der ausgelosten Mädchen während des ganzen Aufenthalts.

a) Wenn nur Mädchen ausgelost werden, ist $X = 20$.

$$P(X = 20) = \binom{20}{20} \cdot \left(\frac{18}{30}\right)^{20} \cdot \left(\frac{12}{30}\right)^{0} = \left(\frac{3}{5}\right)^{20} = 0{,}0000366 = 0{,}00366\,\%$$

b) Wenn das Los genau 11-mal ein Mädchen trifft, ist $X = 11$.

$$P(X = 11) = \binom{20}{11} \cdot \left(\frac{18}{30}\right)^{11} \cdot \left(\frac{12}{30}\right)^{9} = 0{,}160 = 16\,\%$$

c) 6-mal werden Jungen ausgelost, das heißt $X = 14$.

$$P(X = 14) = \binom{20}{14} \cdot \left(\frac{18}{30}\right)^{14} \cdot \left(\frac{12}{30}\right)^{6} = 0{,}124 = 12{,}4\,\%$$

d) „Mindestens 1 Junge wird ausgelost" ist das Gegenereignis zu „Kein Junge wird ausgelost" bzw. „Nur Mädchen werden ausgelost":

$$P(X \leq 19) = 1 - P(X = 20) = 1 - 0{,}0000366 = 0{,}9999634 = 99{,}996\,\%$$

Dass in 20 Tagen mindestens 1 Junge ausgelost wird, ist praktisch so gut wie sicher.

33

Die Frage nach der besseren Gewinnchance lässt sich sofort durch Berechnung der Wahrscheinlichkeiten in den beiden Urnenmodellen beantworten.

X ist die Zahl der gezogenen roten Kugeln, die gegebenen Größen sind $N = 13 + 9 = 22$ und $S = 13$ (rote Kugeln) sowie $n = 10$ und $s = 5$ (gezogene rote Kugeln).

Ziehen ohne Zurücklegen (1. Urnenmodell): $P(X = 5) = \frac{\binom{13}{5} \cdot \binom{9}{5}}{\binom{22}{10}} = 0{,}25$

Ziehen mit Zurücklegen (2. Urnenmodell): $P(X = 5) = \binom{10}{5} \cdot \left(\frac{13}{22}\right)^{5} \cdot \left(\frac{9}{22}\right)^{5} = 0{,}21$

Beim Ziehen ohne Zurücklegen hat man die besseren Gewinnchancen!

Seite 78

Kapitel 4 – Unabhängigkeit von Ereignissen

34

Zunächst berechnen wir leicht aus dem gegebenen $P(\overline{B}) = 0{,}9$ die Wahrscheinlichkeit $P(B)$. Es gilt: $P(B) = 1 - P(\overline{B}) = 0{,}1$

Wegen der stochastischen Unabhängigkeit der Ereignisse A und B hat das Ereignis $A \cap B$ die Wahrscheinlichkeit $P(A \cap B) = P(A) \cdot P(B)$.
Ihr Wert von 0,03 gestattet nun die Berechnung von $P(A)$:

$$P(A) = \frac{P(A \cap B)}{P(B)} = \frac{0{,}03}{0{,}1} = 0{,}3$$

Die restlichen Felder der Tafel können wir auf die übliche Art ausfüllen. Wir erhalten:

	A	$\overline{A}$	
B	0,03	0,07	0,1
$\overline{B}$	0,27	0,63	0,9
	0,3	0,7	1

Seite 79

35

a) Zunächst müssen die relativen Häufigkeiten des Fehlens von Alexander und Carola in den 16 Kurstagen festgestellt werden:

$h(A) = \frac{5}{16}$; $h(C) = \frac{4}{16}$

Beide fehlten gleichzeitig an 4 Tagen: $h(A \cap C) = \frac{4}{16}$

Bei stochastischer Unabhängigkeit müsste gelten: $h(A \cap C) = h(A) \cdot h(C)$

Wir prüfen nach: $\left(\frac{4}{16}\right) \stackrel{?}{=} \left(\frac{5}{16}\right) \cdot \left(\frac{4}{16}\right)$ Das ist eine falsche Aussage.

$\Rightarrow$ Das Fehlen von Alexander und Carola ist stochastisch abhängig.

b) Wir bestimmen die relativen Häufigkeiten des Zuspätkommens von Bernhard und Diana:

$h(B) = \frac{2}{16}$; $h(D) = \frac{8}{16}$

Beide kamen zusammen an 1 Tag zu spät: $h(B \cap D) = \frac{1}{16}$

Bei stochastischer Unabhängigkeit muss gelten: $\left(\frac{1}{16}\right) \stackrel{?}{=} \left(\frac{2}{16}\right) \cdot \left(\frac{8}{16}\right)$, was eine richtige Aussage ist.

Das Zuspätkommen von Bernhard und Diana ist also stochastisch unabhängig.

Seite 83

Kapitel 5 – Die Zufallsgröße

36

Die Zufallsgröße X kennzeichnet die Wertung, genauer gesagt die Zahl der Wertungspunkte eines Wurfes. Bei einem Pasch ist sie das Vierfache der Augenzahl, sonst null.
Die Definitionsmenge der Funktion X ist der Ergebnisraum Ω.

$\Omega = \{1\,1\,1,\ 1\,1\,2, \ldots, 1\,1\,6,\ 2\,2\,1,\ 2\,2\,2, \ldots, 2\,2\,6, \ldots, 6\,6\,6\}$, da die Würfel nicht unterscheidbar sind.

(Seite 83)

Die Darstellung der Funktion X erfolgt nun wie in der Analysis durch eine abschnittsweise Definition:

$$X(\omega) = \begin{cases} 4 & \text{für } \omega = 1\,1\,1 \\ 8 & \text{für } \omega = 2\,2\,2 \\ 12 & \text{für } \omega = 3\,3\,3 \\ 16 & \text{für } \omega = 4\,4\,4 \\ 20 & \text{für } \omega = 5\,5\,5 \\ 24 & \text{für } \omega = 6\,6\,6 \\ 0 & \text{für die übrigen Ergebnisse} \end{cases}$$

Beispiel
Seite 85–86

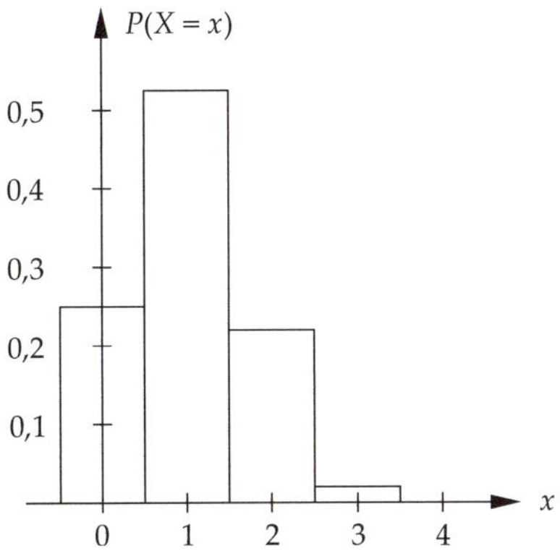

Fall a) hypergeometrische Verteilung

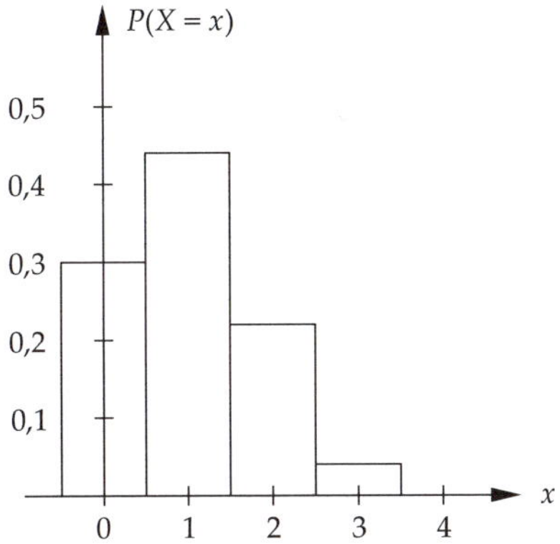

Fall b) Binomialverteilung

Seite 86

37

Die Zufallsgröße X kann nur die Werte -1 € beim Verlust des Einsatzes und 8 € beim Gewinn des Carré annehmen, die Zufallswerte x heißen daher -1 und 8 €. Mit der Berechnung der Wahrscheinlichkeiten der beiden infrage kommenden Ereignisse erhalten wir die Wahrscheinlichkeitsverteilung von X.

a) $E = \{17, 18, 20, 21\}$

$P(E) = \frac{4}{37} = 0{,}11$ ist die Wahrscheinlichkeit zu gewinnen.

x	-1	8
$P(X = x)$	0,89	0,11

$P(\overline{E}) = \frac{33}{37} = 0{,}89$ ist die Wahrscheinlichkeit zu verlieren. Also gilt: $P(X = -1) = 0{,}89$ und $P(X = 8) = 0{,}11$.

b)

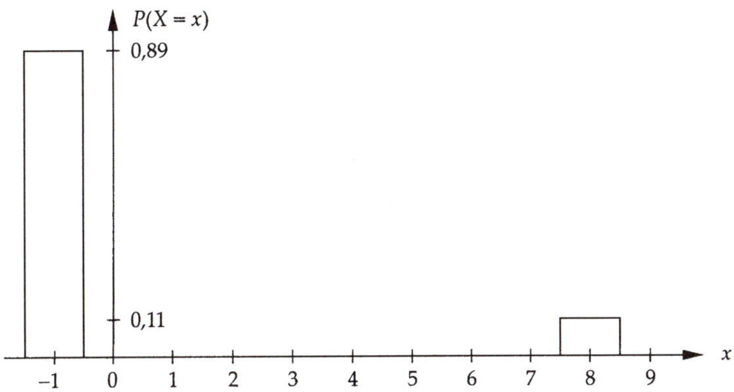

Seite 87

38

a) Der Ergebnisraum Ω des dreifachen Würfelwurfs ist die Menge aller 3-Kombinationen mit Wiederholung aus der Menge $\{1, 2, 3, 4, 5, 6\}$.
1 1 2 (zweimal die „Eins" und einmal die „Zwei") ist laut Spielregel identisch mit 1 2 1 und 2 1 1.

$$\Omega = \{1\,1\,1,\ 1\,1\,2,\ 1\,1\,3,\ \ldots,\ 6\,6\,6\}$$

b) X ist der Reingewinn in Euro.

$$X(\omega) = \begin{cases} 3 & \text{für } \omega = 1\,1\,1 \\ 2 & \text{für } \omega = 1\,1\,2,\ 1\,1\,3,\ \ldots,\ 1\,1\,6 \\ 1 & \text{für } \omega = 1\,2\,2,\ 1\,2\,3,\ \ldots,\ 1\,2\,6,\ 1\,3\,3,\ 1\,3\,4,\ \ldots,\ 1\,6\,6 \\ -1 & \text{für alle übrigen Ergebnisse} \end{cases}$$

c) Um die Wahrscheinlichkeitsverteilung der Zufallsgröße X zu bestimmen, wenden wir den Satz vom 2. Urnenmodell an.
Wir erinnern uns: Das gleichzeitige Werfen der 3 Würfel kann im Hinblick auf das Wurfergebnis mit dem Nacheinanderwerfen eines Würfels gleichgesetzt werden.
Man interessiert sich also für die Fälle, in denen beim 3-maligen Werfen eines Würfels bzw. beim Ziehen mit Zurücklegen aus einer Urne, in der Kugeln mit den Nummern 1 bis 6 liegen, 3 Einsen, 2 Einsen oder nur 1 Eins erzielt werden. Die Wahrscheinlichkeit, die Kugel mit der Nummer 1 zu ziehen, beträgt dabei immer $\frac{1}{6}$.

Wir ziehen also 3-mal aus der Urne, die Zufallsgröße X ist die Anzahl der gezogenen Nummer 1. Nach dem Satz vom 2. Urnenmodell gilt dann:

$$P(X = 3) = \binom{3}{3} \cdot \left(\frac{1}{6}\right)^3 \cdot \left(\frac{5}{6}\right)^0 = 0{,}0046 \qquad P(X = 1) = \binom{3}{1} \cdot \left(\frac{1}{6}\right)^1 \cdot \left(\frac{5}{6}\right)^2 = 0{,}3472$$

$$P(X = 2) = \binom{3}{2} \cdot \left(\frac{1}{6}\right)^2 \cdot \left(\frac{5}{6}\right)^1 = 0{,}0694 \qquad P(X = 0) = \binom{3}{0} \cdot \left(\frac{1}{6}\right)^0 \cdot \left(\frac{5}{6}\right)^3 = 0{,}5787$$

Die berechneten Werte tragen wir in einer Tabelle ein, sie ergeben die gewünschte Wahrscheinlichkeitsverteilung:

x	3	2	1	0
$P(X = x)$	0,0046	0,0694	0,3472	0,5787

Seite 90

39

$F(x) = 0$ für $x < -1$

$F(x) = P(X = -1) = 0{,}2$ für $-1 \leqq x < 0$

$F(x) = P(X = -1) + P(X = 0) = 0{,}8$
für $0 \leqq x < 1$

$F(x) = P(X = -1) + P(X = 0) + P(X = 1) =$
$= 1$ für $x \geqq 1$

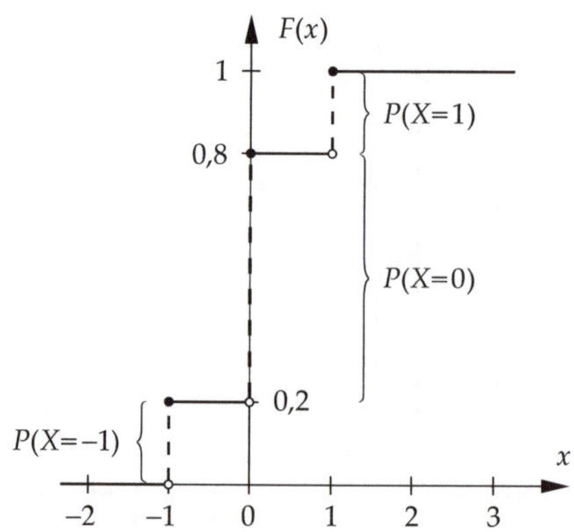

40 (Seite 90)

Die Wahrscheinlichkeitsverteilung der Zufallsgröße X ist Grundlage für die Verteilungsfunktion F; sie muss zunächst mit der 1. Pfadregel aufgestellt werden:

$P(X = 1) = \frac{1}{6} = 0{,}167$

$P(X = 2) = \frac{5}{6} \cdot \frac{1}{6} = 0{,}139$

$P(X = 3) = \left(\frac{5}{6}\right)^2 \cdot \frac{1}{6} = 0{,}116$

$P(X = 4) = \left(\frac{5}{6}\right)^3 \cdot \frac{1}{6} = 0{,}096$

$P(X = 5) = \left(\frac{5}{6}\right)^4 \cdot \frac{1}{6} = 0{,}080$

$P(X = 6) = \left(\frac{5}{6}\right)^5 \cdot \frac{1}{6} = 0{,}067$

a) $P(X = 3) = 0{,}116$

b) $F(x) = 0$ für $0 < x < 1$
$F(x) = 0{,}167$ für $1 \leqq x < 2$
$F(x) = 0{,}167 + 0{,}139 = 0{,}306$ für $2 \leqq x < 3$
$F(x) = 0{,}306 + 0{,}116 = 0{,}422$ für $3 \leqq x < 4$
$F(x) = 0{,}422 + 0{,}096 = 0{,}518$ für $4 \leqq x < 5$
$F(x) = 0{,}518 + 0{,}080 = 0{,}598$ für $5 \leqq x < 6$
$F(x) = 0{,}598 + 0{,}067 = 0{,}665$ für $6 \leqq x < 7$

c) $P(X > 3) = 1 - P(X \leqq 3) = 1 - F(3) = 1 - 0{,}422 = 0{,}578$

Beachten Sie dabei, dass die Gleichung $P(X \leqq 3) = F(3)$ gilt!

d) $P(X \leqq 6) = F(6) = 0{,}665$
Wenn man mit höchstens 6 Würfen ins Spiel kommen will, gelingt dies mit der Wahrscheinlichkeit 0,665.

e) $P(3 \leqq X \leqq 6) = P(X = 3) + P(X = 4) + P(X = 5) + P(X = 6) =$
$= F(6) - F(2) =$
$= 0{,}665 - 0{,}306 = 0{,}359$

Seite 94

41

Das Herausgreifen von 2 Kugeln aus der Urne ist ein LAPLACE-Experiment mit dem Ergebnisraum $\Omega = \{1\,2, 1\,3, 1\,4, 2\,3, 2\,4, 3\,4\}$.
1 2 ist gleichbedeutend mit 2 1, da es nicht auf die Reihenfolge ankommt, ebenso gilt 1 3 = 3 1 usw.
Die 6 Ergebnisse sind alle gleichwahrscheinlich mit der Wahrscheinlichkeit $\frac{1}{6}$

Die Zufallsgröße X ist die größere der beiden Ziffern nach dem Herausgreifen. Die Zufallswerte können daher nur 2, 3 oder 4 lauten.
Wir bestimmen zunächst die Wahrscheinlichkeitsverteilung von X:

$P(X = 2) = P(\{1\,2\}) = \frac{1}{6}$

$P(X = 3) = P(\{1\,3, 2\,3\}) = \frac{2}{6}$

$P(X = 4) = P(\{1\,4, 2\,4, 3\,4\}) = \frac{3}{6}$

Aus diesen Werten setzt sich nun der Erwartungswert zusammen:

$\mu = E(X) = 2 \cdot \frac{1}{6} + 3 \cdot \frac{2}{6} + 4 \cdot \frac{3}{6} = \frac{20}{6} = 3{,}33$

(Seite 94) **42**

Hier können wir auf eine Aufzählung der Ergebnisse des 4-stufigen Zufallsexperiments verzichten. Auch die Berechung der Wahrscheinlichkeit der Elementarereignisse ist nicht notwendig, denn der gleichzeitige Griff in die Schachtel entspricht dem Nacheinanderziehen ohne Zurücklegen.
Damit kommt das 1. Urnenmodell zur Anwendung, das uns direkt die gesuchten Wahrscheinlichkeiten liefern kann:

$$P(X=0)=\frac{\binom{5}{0}\cdot\binom{11}{4}}{\binom{16}{4}}=0{,}181\,;\qquad P(X=1)=\frac{\binom{5}{1}\cdot\binom{11}{3}}{\binom{16}{4}}=0{,}453$$

$$P(X=2)=\frac{\binom{5}{2}\cdot\binom{11}{2}}{\binom{16}{4}}=0{,}302\,;\qquad P(X=3)=\frac{\binom{5}{3}\cdot\binom{11}{1}}{\binom{16}{4}}=0{,}060$$

$$P(X=4)=\frac{\binom{5}{4}\cdot\binom{11}{0}}{\binom{16}{4}}=0{,}003$$

Daraus ergibt sich der Erwartungswert:
$E(X)=0\cdot 0{,}181+1\cdot 0{,}453+2\cdot 0{,}302+3\cdot 0{,}06+4\cdot 0{,}003=1{,}249$

Unter den 4 herausgegriffenen Glühlampen sind im Mittel 1,249 defekte.

Seite 97

43

Die Aufgabe ist vergleichbar mit folgendem Urnenproblem: Eine Urne enthält 6 gleichartige Kugeln, eine davon ist schwarz. Man zieht so lange ohne Zurücklegen, bis man die schwarze Kugel, in unserer Aufgabe den richtigen Schlüssel, bekommt. Wir lösen die Aufgabe also durch schrittweises Ziehen aus einer Urne. Der Urneninhalt besteht aus 5 weißen und 1 schwarzen Kugel. X ist die Anzahl der gezogenen Kugeln einschließlich der schwarzen Kugel, auf die Aufgabe bezogen die Anzahl der ausprobierten Schlüssel einschließlich des passenden Schlüssels. X kann folglich die Werte 1 bis 6 annehmen.

$$P(X=1)=\frac{1}{6}$$

$$P(X=2)=\frac{5}{6}\cdot\frac{1}{5}=\frac{1}{6}$$

$$P(X=3)=\frac{5}{6}\cdot\frac{4}{5}\cdot\frac{1}{4}=\frac{1}{6}$$

$$P(X=4)=\frac{5}{6}\cdot\frac{4}{5}\cdot\frac{3}{4}\cdot\frac{1}{3}=\frac{1}{6}$$

$$P(X=5)=\frac{5}{6}\cdot\frac{4}{5}\cdot\frac{3}{4}\cdot\frac{2}{3}\cdot\frac{1}{2}=\frac{1}{6}$$

$$P(X=6)=\frac{5}{6}\cdot\frac{4}{5}\cdot\frac{3}{4}\cdot\frac{2}{3}\cdot\frac{1}{2}\cdot 1=\frac{1}{6}$$

(blau) Erfolgswahrscheinlichkeit pro „Zug"

(grau) Misserfolgswahrscheinlichkeit pro „Zug"

Wie man sieht, sind alle Möglichkeiten gleichwahrscheinlich. Wie viele Schlüssel *im Mittel* ausprobiert werden müssen, sagt uns der Erwartungswert:

$$E(X)=1\cdot\frac{1}{6}+2\cdot\frac{1}{6}+3\cdot\frac{1}{6}+4\cdot\frac{1}{6}+5\cdot\frac{1}{6}+6\cdot\frac{1}{6}=3{,}5$$

44 *(Seite 97)*

a) Hier wird nicht nach der Gewinn- oder Verlustbilanz des Spielers gefragt, sondern nach der *Ausschüttung*. Sie ist die Zufallsgröße X, die die Werte 100 € (Hauptgewinn), 5 €, 2 € und 0 € (Pech gehabt!) annehmen kann. Deren Wahrscheinlichkeiten ermitteln wir aus der Anzahl der Glückslose bzw. Nieten:

$P(X = 100) = \frac{1}{1000} = 0{,}001$ $\qquad$ $P(X = 2) = \frac{75}{1000} = 0{,}075$

$P(X = 5) = \frac{60}{1000} = 0{,}060$ $\qquad$ $P(X = 0) = \frac{864}{1000} = 0{,}864$

Der Erwartungswert der Ausschüttung beträgt damit:
$E(X) = 100\,€ \cdot 0{,}001 + 5\,€ \cdot 0{,}060 + 2\,€ \cdot 0{,}075 + 0\,€ = 0{,}550\,€$

Bei einem Lospreis von 1 € macht der Lotteriebetreiber einen nicht unerheblichen Gewinn von 45 ct pro Los.

b) $Var(X) = (100 - 0{,}550)^2 \cdot 0{,}001 + (5 - 0{,}550)^2 \cdot 0{,}060 + (2 - 0{,}550)^2 \cdot 0{,}075 + (0 - 0{,}550)^2 \cdot 0{,}864 = 11{,}4975$

Die Standardabweichung von X ist $\sigma(X) = \sqrt{11{,}4975} = 3{,}39$.

Kapitel 6 – Binominalverteilung

Seite 102

45

Die Sektorflächen verhalten sich in ihrer Größe wie die Zahlen, die darauf stehen, also wie 1:2:3:4. Wegen $1 + 2 + 3 + 4 = 10$ nimmt der kleinste Sektor also ein Zehntel der Scheibe ein, der nächste zwei Zehntel, der dritte drei Zehntel und der größte vier Zehntel.
Gewinnen kann man nur mit dem kleinsten Feld. Die Wahrscheinlichkeit, dass der Zeiger darauf stehen bleibt, ist genau 0,1. Dementsprechend beträgt die Wahrscheinlichkeit einer Niete 0,9.
Die Bernoulli-Kette hat also den Parameter 0,1 und die Länge 10.

a) Die Kette besteht ausschließlich aus Nieten: $P(X = 0) = 0{,}9^{10} = 0{,}349$

b) $P(X \geqq 1) = 1 - P(X = 0) = 1 - 0{,}349 = 0{,}651$

c) Bei dieser Teilaufgabe geht es nicht darum, $P(X = 2)$ zu berechnen, die beiden Treffer sind ja nicht an beliebigen Stellen der Kette zu setzen, sondern *genau* an Stelle 3 und 7.

Im Baumdiagramm wird also der Pfad NNTNNNTNNN durchlaufen:

Start —0,9— N —0,9— N —0,1— T —0,9— N —0,9— N —0,9— N —0,1— T —0,9— N —0,9— N —0,9— N

Mit der 1. Pfadregel erhalten wir: $P(E) = 0{,}1^2 \cdot 0{,}9^8 = 0{,}0043$

Seite 103

46

Die Zufallsgröße X ist die Anzahl der Mädchengeburten in der Familie. Sie kann alle Werte größer als 0 annehmen.
Die Bernoulli-Kette besitzt den Parameter 0,486 und die Länge 5.

$P(X \geqq 1) = 1 - P(X = 0) = 1 - 0{,}514^5 = 0{,}964 = 96{,}4\,\%$

Seite 107

47 a) $B(30; 0{,}2; 10) = 0{,}035\,47$ b) $B\left(15; \frac{1}{3}; 4\right) = 0{,}194\,82$ c) $B(100; 0{,}7; 74) = 0{,}061\,27$

48 In der Binomialverteilung $B(8; 0{,}25)$ bestimmen wir die Wahrscheinlichkeiten mit dem Tabellenwerk:

$B(8; 0{,}25; 0) = 0{,}10011$
$B(8; 0{,}25; 1) = 0{,}26697$
$B(8; 0{,}25; 2) = 0{,}31146$
$B(8; 0{,}25; 3) = 0{,}20764$
$B(8; 0{,}25; 4) = 0{,}08652$
$B(8; 0{,}25; 5) = 0{,}02307$
$B(8; 0{,}25; 6) = 0{,}00385$
$B(8; 0{,}25; 7) = 0{,}00037$
$B(8; 0{,}25; 8) = 0{,}00002$

Diese Werte übernehmen wir in ein Histogramm:

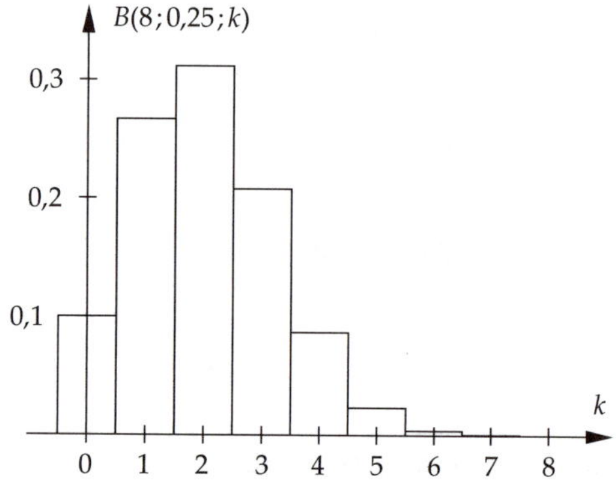

Seite 108

49 Um besser vergleichen zu können, schreiben wir die Tafelwerte der beiden Binomialverteilungen $B(6; 0{,}4)$ und $B(6; 0{,}6)$ heraus:

$B(6; 0{,}4; 0) = 0{,}04666$	$B(6; 0{,}6; 0) = 0{,}00410$	Aus den Werten ist die Symmetrie bereits zu erkennen!
$B(6; 0{,}4; 1) = 0{,}18662$	$B(6; 0{,}6; 1) = 0{,}03686$	
$B(6; 0{,}4; 2) = 0{,}31104$	$B(6; 0{,}6; 2) = 0{,}13824$	
$B(6; 0{,}4; 3) = 0{,}27648$	$B(6; 0{,}6; 3) = 0{,}27648$	
$B(6; 0{,}4; 4) = 0{,}13824$	$B(6; 0{,}6; 4) = 0{,}31104$	
$B(6; 0{,}4; 5) = 0{,}03686$	$B(6; 0{,}6; 5) = 0{,}18662$	
$B(6; 0{,}4; 6) = 0{,}00410$	$B(6; 0{,}6; 6) = 0{,}04666$	

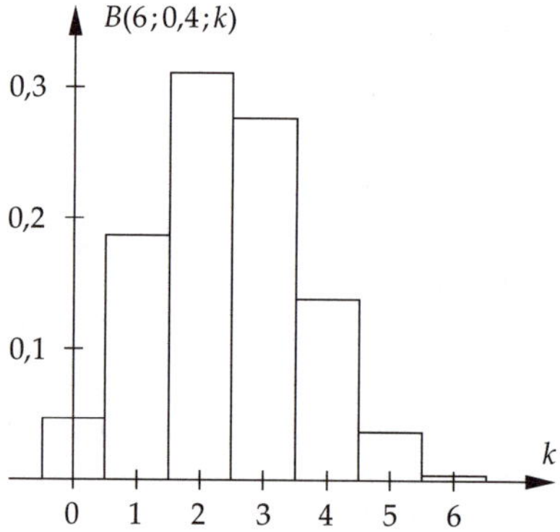

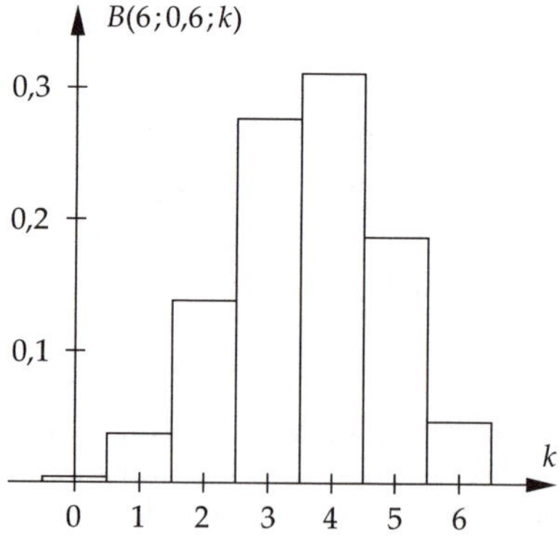

50 *(Seite 108)*

Die zu untersuchende BERNOULLI-Kette hat den Parameter $p = 0{,}40$ und die Länge 10. Die binomialverteilte Zufallsgröße X ist die Anzahl der roten Autos.

a) $P(X = 3) = \binom{10}{3} \cdot 0{,}4^3 \cdot 0{,}6^7 = 0{,}215$

b) $P(X = 10) = \binom{10}{10} \cdot 0{,}4^{10} \cdot 0{,}6^0 = 0{,}0001$

c) $P(X = 0) = \binom{10}{0} \cdot 0{,}4^0 \cdot 0{,}6^{10} = 0{,}006$

d) $P(X \geqq 1) = 1 - P(X = 0) = 1 - 0{,}006 = 0{,}994$

e) $P(X \leqq 2) = P(X = 0) + P(X = 1) + P(X = 2) =$

$= \binom{10}{0} \cdot 0{,}4^0 \cdot 0{,}6^{10} + \binom{10}{1} \cdot 0{,}4^1 \cdot 0{,}6^9 + \binom{10}{2} \cdot 0{,}4^2 \cdot 0{,}6^8 = 0{,}167$

Seite 110

51

Die Zufallsgröße X ist die Zahl der Schmuggler unter 50 Touristen, sie ist binomialverteilt mit dem Parameter $10\,\% = 0{,}1$.
Ab sofort benutzen wir aus Gründen der Bequemlichkeit ein Tabellenwerk!

a) Kein Schmuggler befindet sich unter den 50 Touristen.
$P(X = 0) = B(50;\, 0{,}1;\, 0) = 0{,}00515 = 0{,}515\,\%$

b) Genau 3 Schmuggler sind unter den 50 Touristen.
$P(X = 3) = B(50;\, 0{,}1;\, 3) = 0{,}13857 = 13{,}857\,\%$

c) Höchstens 4 Schmuggler sind unter den 50 Touristen.
$P(X \leqq 4) = F_{0,1}^{50}\,(4) = 0{,}43120 = 43{,}12\,\%$

d) Mehr als 25 % der 50 Touristen sind Schmuggler, das sind mehr als 12.
$P(X > 12) = 1 - P(X \leqq 12) = 1 - F_{0,1}^{50}\,(12) = 1 - 0{,}99900 = 0{,}00100 = 0{,}1\,\%$

e) $P(2 \leqq X \leqq 6) = P(1 < X \leqq 6) = F_{0,1}^{50}\,(6) - F_{0,1}^{50}\,(1) = 0{,}77023 - 0{,}03379 = 0{,}73644 = 73{,}644\,\%$

52

Die BERNOULLI-Kette hat die Länge 20 und den Regenparameter $p = 0{,}05$. X sei die Anzahl der Regentage.

a) $P(X = 2) = B(20;\, 0{,}05;\, 2) = 0{,}18868$

b) $P(X \leqq 2) = F_{0,05}^{20}\,(2) = 0{,}92452$

c) $P(X > 3) = 1 - P(X \leqq 3) = 1 - F_{0,05}^{20}\,(3) = 1 - 0{,}98410 = 0{,}01590$

d) Der Urlauber erlebt während 19 Tagen genau 3 Regentage. Am 20. Tag regnet es ebenfalls. Die Binomialverteilung mit dem Parameter $p = 0{,}05$ setzt sich aus zwei Teilen zusammen:
Der erste Teil ist eine BERNOULLI-Kette mit der Länge 19 und 3 Treffern = 3 Regentagen. $n = 19$ ist in Tafelwerken nicht enthalten, wir müssen die BERNOULLI-Formel daher mit dem Taschenrechner berechnen.
Der zweite Teil ist ein Treffer am 20. Tag.

Die Wahrscheinlichkeit für das gesuchte Ereignis E beträgt daher:

$P(E) = B(19;\, 0{,}05;\, 3) \cdot 0{,}05 = \binom{19}{3} \cdot 0{,}05^3 \cdot 0{,}95^{16} \cdot 0{,}05 = 0{,}00267$

(Seite 110) **53** Die relative Häufigkeit und damit die Wahrscheinlichkeit, Linkshänder zu sein, beträgt 0,125. X ist die Zahl der Linkshänder.

$$P(X > 4) = 1 - P(X \leqq 4) = 1 - F_{0,125}^{25}(4) = 1 - 0{,}80467 = 0{,}19533$$

54 In der ersten BERNOULLI-Kette ist die Länge $n = 30$ und der Parameter ist $p = 0{,}5$. Wenn die relative Häufigkeit von „Wappen" zwischen 40 % und 60 % liegen soll, dann heißt das für die Anzahl X der geworfenen „Wappen": Die Werte von X liegen zwischen 12 und 18.

$$P(12 \leqq X \leqq 18) = F_{0,5}^{30}(18) - F_{0,5}^{30}(11) = 0{,}89976 - 0{,}10024 = 0{,}79952$$

Bei 50 Würfen ($n = 50$) liegen die Werte von X zwischen 20 und 30.

$$P(20 \leqq X \leqq 30) = F_{0,5}^{50}(30) - F_{0,5}^{50}(19) = 0{,}94054 - 0{,}05946 = 0{,}88108$$

Seite 113

55 Aus $n = 64$ und $p = 0{,}5$ berechnen wir:

$$E(X) = n \cdot p = 64 \cdot 0{,}5 = 32$$
$$Var(X) = n \cdot p \cdot q = 64 \cdot 0{,}5 \cdot 0{,}5 = 16$$
$$\sigma(X) = \sqrt{16} = 4$$

56 Um die Trefferquoten bei den einzelnen Schießständen bewerten zu können, müssen wir zunächst die mittlere Abweichung der Trefferzahl vom jeweiligen Erwartungswert berechnen und dann die mittleren Abweichungen miteinander vergleichen.
X ist die Anzahl der Treffer an dem jeweiligen Stand.

An allen drei Ständen hatte Jens dieselbe Trefferquote von 0,8 $\left(\frac{8}{10} = \frac{12}{15} = \frac{16}{20} = 0{,}8\right)$.

Dennoch ist seine „Schießleistung" an den drei Ständen unterschiedlich hoch. Die Treffsicherheit $p = 0{,}7$ spielt dabei eine große Rolle, sie muss in die Bewertung mit einbezogen werden.

Wir berechnen zunächst den Erwartungswert und die Standardabweichung von X an den drei Schießständen:

	1. Stand	2. Stand	3. Stand
n	10	15	20
p	0,7	0,7	0,7
$E(X)$	$10 \cdot 0{,}7 = 7$	$15 \cdot 0{,}7 = 10{,}5$	$20 \cdot 0{,}7 = 14$
$Var(X)$	$10 \cdot 0{,}7 \cdot 0{,}3 = 2{,}10$	$15 \cdot 0{,}7 \cdot 0{,}3 = 3{,}15$	$20 \cdot 0{,}7 \cdot 0{,}3 = 4{,}20$
$\sigma(X)$	$\sqrt{2{,}10} = 1{,}45$	$\sqrt{3{,}15} = 1{,}77$	$\sqrt{4{,}20} = 2{,}05$

Die Abweichung der erzielten Trefferzahl vom Erwartungswert beträgt am 1. Stand $8 - 7 = 1$, am 2. Stand $12 - 10{,}5 = 1{,}5$ und am 3. Stand $16 - 14 = 2$; und zwar in allen Fällen nach oben.
Sie muss aber stets relativ zur Standardabweichung gesehen werden; anders ausgedrückt: Erst der Quotient aus der tatsächlichen Abweichung und der Standardabweichung gibt die „Güte" des Schießergebnisses an!
Wir erhalten:

$\frac{1}{1{,}45} = 0{,}69$ am 1. Stand $\qquad \frac{1{,}5}{1{,}77} = 0{,}84$ am 2. Stand $\qquad \frac{2}{2{,}05} = 0{,}98$ am 3. Stand

Jens hatte also am 3. Stand sein bestes Ergebnis.

Kapitel 7 – Testen von Hypothesen

Seite 120

57

Die Länge n der Stichprobe beträgt 5.
Die Hypothese H_1 wird beim Eintreten des Ereignisses E: „$X < 3$" angenommen und beim Ereignis $\overline{E}$: „$X \geqq 3$" abgelehnt.

Mit $p = 0{,}3$ für die Hypothese H_1 ist der Fehler 1. Art die Wahrscheinlichkeit $P(X \geqq 3)$. Diese Wahrscheinlichkeit muss in der vorgelegten Binomialverteilung (Ziehen mit Zurücklegen) berechnet werden.

$P(X \geqq 3) = 1 - P(X \leqq 2) = 1 - F_{0,3}^{5}(2) = 1 - 0{,}83692 = 0{,}16308$

Mit $p = 0{,}6$ für die Hypothese H_2 ist der Fehler 2. Art die Wahrscheinlichkeit $P(X < 3)$:

$P(X < 3) = P(X \leqq 2) = F_{0,6}^{5}(2) = 0{,}31744$

$\Rightarrow$ Der Fehler 1. Art beträgt 16,3 %, der Fehler 2. Art beträgt 31,7 %.

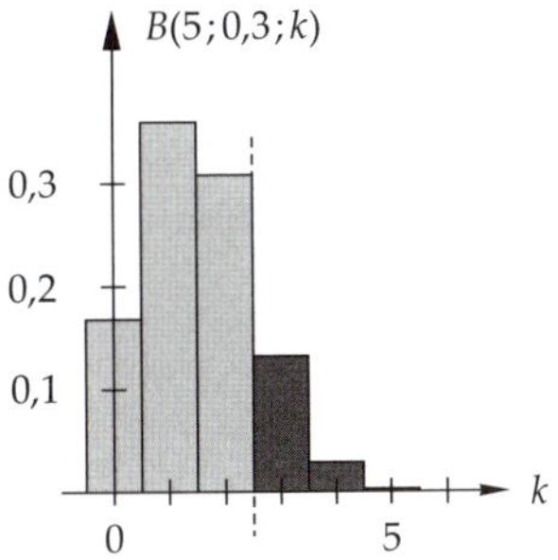

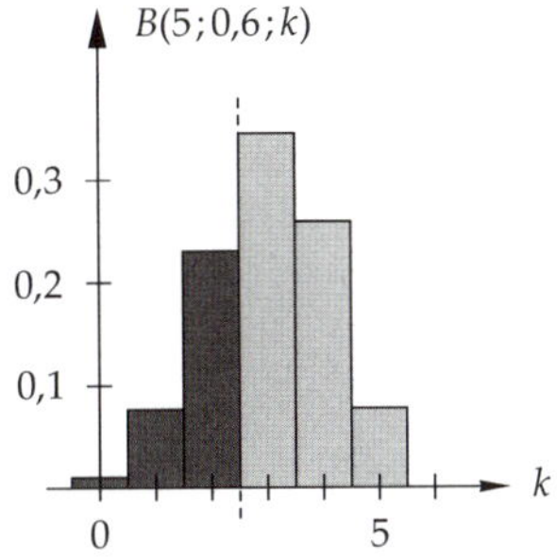

Seite 121

58

Wir stellen gegenüber: Die Hypothese H_1: „Der Würfel ist gezinkt." $\left(p = \frac{1}{8}\right)$

Die Alternativhypothese H_2: „Der Würfel ist fair." $\left(p = \frac{1}{6}\right)$

Der Annahmebereich der Hypothese H_1 wird durch das Ereignis E: „$X \leqq 15$" beschrieben, der Ablehnungsbereich durch das Gegenereignis $\overline{E}$: „$X > 15$". Die Stichprobenlänge dabei ist 100.

Realität	E: „$X \leqq 15$"	$\overline{E}$: „$X > 15$"
H_1: $p_1 = \frac{1}{8}$	richtige Entscheidung	α-Fehler
H_2: $p_2 = \frac{1}{6}$	β-Fehler	richtige Entscheidung

Seite 122

a) Die Irrtumswahrscheinlichkeit, die Hypothese H_1 abzulehnen (also Fehler 1. Art oder α-Fehler), ist die Wahrscheinlichkeit $P(X > 15)$, obwohl die Realität $p = \frac{1}{8}$ vorliegt (s. Tabelle).

$\alpha = P(X > 15) = 1 - P(X \leqq 15) = 1 - F_{\frac{1}{8}}^{100}(15) = 1 - 0{,}81994 = 0{,}18006 = 18\,\%$

(Seite 122) b) Die Irrtumswahrscheinlichkeit, die Hypothese H_1 anzunehmen, ist die Wahrscheinlichkeit, H_1 fälschlicherweise anzunehmen, weil die Realität der faire Würfel mit $p = \frac{1}{6}$ ist.

Sie ist identisch mit der Wahrscheinlichkeit, die Alternativhypothese H_2 irrtümlich abzulehnen (also Fehler 2. Art oder β-Fehler).

Dies ist die Wahrscheinlichkeit $P(X \leqq 15)$ bei $p = \frac{1}{6}$ (s. Tabelle).

$\beta = P(X \leqq 15) = F_{\frac{1}{6}}^{100}(15) = 0{,}38766 = 39\,\%$

Seite 124

59 Die Nullhypothese H_0 lautet: „Der Schüler rät."
Die Wahrscheinlichkeit, eine Frage richtig zu beantworten, ist 0,5. Die Entscheidungsregel für H_0 lautet: „$X \leqq 35$" bei insgesamt 50 Fragen.

Gesucht ist die Wahrscheinlichkeit, mit der der Prüfer die Hypothese H_0 irrtümlich ablehnt, also das Signifikanzniveau α.

$\alpha = P(X > 35) = 1 - P(X \leqq 35) = 1 - F_{0,5}^{50}(35) = 1 - 0{,}99870 = 0{,}00130$

Die Chance, dass ein Schüler nur durch Raten mehr als 35 Fragen richtig beantwortet, ist praktisch null, denn die Wahrscheinlichkeit, diesem Schüler irrtümlich Wissen zu bescheinigen, beträgt nur 0,13 %.

Seite 128

60 Die Nullhypothese H_0 lautet: Bestimmung des Geschlechts mit 90%iger Sicherheit ($p = 0{,}9$).
Die Gegenhypothese H_1 kann nur heißen: Das Geschlecht kann nur mit einer Sicherheit unter 90 % bestimmt werden ($p < 0{,}9$).
Es handelt sich hierbei um einen linksseitigen Test.

Der Annahmebereich der Hypothese H_0 wird durch die Entscheidungsregel festgelegt: E: „$X \geqq 25$", der Ablehnungsbereich dagegen durch das Ereignis $\overline{E}$: „$X < 25$".

a) Gesucht ist die Irrtumswahrscheinlichkeit der Ablehnung, obwohl der Arzt doch recht hat, also der Fehler 1. Art.
$\alpha = P(X < 25) = P(X \leqq 24) = F_{0,9}^{30}(24) = 0{,}07319 = 7{,}3\,\%$

b) Das Signifikanzniveau von 1 % soll nicht überschritten werden. Es gilt also $\alpha \leqq 1\,\%$.
Die Entscheidungsregel, die Hypothese H_0 abzulehnen, heißt jetzt $\overline{E}$: „$X \leqq a$", und die Obergrenze a soll gefunden werden!

$\alpha = P(X \leqq a) = F_{0,9}^{30}(a) \leqq 0{,}01 \quad \Rightarrow \quad a = 22$ (aus dem Tabellenwerk)

Sind von den 30 Vorhersagen höchstens 22 richtig, kann die Methode des Arztes mit höchstens 1 % Wahrscheinlichkeit irrtümlich abgelehnt werden.

Seite 129

61 Es liegt ein Test auf dem Signifikanzniveau 1 % vor. Für die Nullhypothese gilt H_0: $p = 0{,}35$ (Stimmenanteil für die CPS).
Dem widerspricht die Gegenhypothese H_1: $p \neq 0{,}35$.
Wir haben es mit einem zweiseitigen Test zu tun.

Der Annahmebereich von H_0 muss gefunden werden, er heißt E: „$a \leqq X \leqq b$".
Der Ablehnungsbereich von H_0 gliedert sich in zwei Intervalle, er heißt:
$\overline{E}$: „$0 \leqq X \leqq a - 1 \vee b + 1 \leqq X \leqq 100$"

Die Irrtumswahrscheinlichkeiten beider Intervalle sind gleich groß, aber höchstens 0,5% (das Signifikanzniveau beträgt ja 1%). *(Seite 129)*

$P(0 \leqq X \leqq a-1) = F_{0,35}^{100}(a-1) \leqq 0{,}005 \quad \Rightarrow \quad a-1=22 \quad \Rightarrow \quad a=23$

$P(b+1 \leqq X \leqq 100) = 1 - P(X \leqq b) = 1 - F_{0,35}^{100}(b) \leqq 0{,}005 \quad \Rightarrow \quad F_{0,35}^{100}(b) \geqq 0{,}995 \quad \Rightarrow \quad b = 48$

Das Testverfahren für die Hypothese H_0 muss daher lauten:
Mindestens 23 und höchstens 48 von 100 Wählern müssten CPS wählen, damit sich das Wahlergebnis der letzten Wahl wiederholen könnte.

62

Die Entscheidungsregel heißt: Man glaubt die Behauptung des Wunderheilers genau dann, wenn von 100 Patienten mindestens 83 geheilt werden. Die Testgröße ist die Zahl der geheilten Patienten.
Die Nullhypothese H_0 lautet: $p \leqq 0{,}75$, mit dem Annahmebereich E: „$X < 83$".
In der Gegenhypothese H_1 wird $p > 0{,}75$ behauptet.
Der Ablehnungsbereich der Nullhypothese ist das Ereignis $\overline{E}$: „$X \geqq 83$" mit dem Wert $p = 0{,}75$.
Wir berechnen den Fehler 1. Art:

$\alpha = P(X \geqq 83) = 1 - P(X \leqq 82) = 1 - F_{0,75}^{100}(82) = 1 - 0{,}96237 = 0{,}03763$

Die Irrtumswahrscheinlichkeit, die Behauptung des Wunderheilers zu glauben, obwohl sie nicht stimmt, beträgt ca. 3,8%.

63

Es liegen vor: Die Nullhypothese H_0 mit $p = 0{,}5$ und die Gegenhypothese H_1 mit $p \neq 0{,}5$ (p kann kleiner oder größer als 0,5 sein, der Test ist also zweiseitig).
X ist die Zahl der befragten Arbeitnehmer, die weniger als 1000 € im Monat verdienen.
Wegen $p = 0{,}5$ liegen Annahme- und Ablehnungsbereiche von H_0 (der Letztere ist zweigeteilt) symmetrisch zum Erwartungswert 100. Die Entscheidungsregel lautet daher:

„$85 \leqq X \leqq 115$" (Entscheidung für H_0)
„$0 \leqq X < 85 \;\vee\; 116 < X \leqq 200$" (Entscheidung für H_1)

Da sich der Fehler 1. Art zu gleichen Teilen auf die Intervalle [0; 85[und]116; 200] aufteilt, kann die Berechnung von α vereinfacht werden:

$\alpha = 2 \cdot P(X \leqq 84) = 2 \cdot F_{0,5}^{200}(84) = 2 \cdot 0{,}01406 = 0{,}02812$

Die Behauptung des Gewerkschaftlers kann mit einem Risiko von 2,8% zurückgewiesen werden.

64

Nullhypothese H_0: $p \leqq 0{,}5$ (keine absolute Mehrheit)
Gegenhypothese H_1: $p > 0{,}5$ (absolute Mehrheit)
X ist die Anzahl der befragten Bürger, die sich für den Kandidaten aussprechen.

Bei diesem einseitigen Test der Länge 200 gilt für den Annahmebereich der Nullhypothese: „$X < 110$" und für den Ablehnungsbereich: „$X \geqq 110$".
Nun wird der Fehler 1. Art berechnet:

$\alpha = P(X \geqq 110) = 1 - P(X < 110) = 1 - P(X \leqq 109) = 1 - F_{0,5}^{200}(109) = 1 - 0{,}91052 = 0{,}08948$

Dass der Kandidat die absolute Mehrheit verfehlt, kann auf dem Signifikanzniveau von rund 9% widerlegt werden.

Register